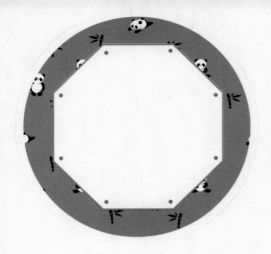

物品名称

物品名称

物品名称

语文

数学

英语

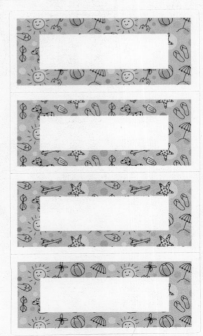

不凌乱！

小学生的
整理收纳
锦囊

编著 /［日］宇高有香

译者 / 王影霞

青岛出版集团｜青岛出版社

自从和阿香、阿真结为好朋友以来，玲玲每天都过得非常开心、快乐。可是，最近不知道为什么，玲玲总是丢三落四、不太顺心。是不是因为她的房间太乱造成的呢？

玲玲

是个有点倔强、个性率真的小女孩，最喜欢和阿香、阿真在一起！

生活管家（阿春）

大学生，暑期实习。在玲玲的爷爷住院期间，替爷爷帮助玲玲家料理家务。

阿香

温柔、善良，很受大家喜欢，对制作糕点和布置房间感兴趣！

阿真

喜欢运动，活泼开朗，做事干脆、利落，有点男孩子性格，和阿香是发小。

目 录

为了让不擅长整理收纳的小学生也能收拾好房间和自己的物品，我总结了这套超实用的整理、收纳和布置方法。

谁都能收拾出整洁、美观的房间！

第1课

很简单！ 整理收纳有窍门

第 **2** 课

把房间收拾干净!
房间的整理和收纳

我会经常检查的！

第**3**课

营造好心情！
房间布置教程

这种情况下应该怎么办？　　Q&A

拒绝凌乱！

第4课

保持房间整洁、舒适

进级课程

**朋友互访时的
招待和留宿礼仪**······168

特别附录
房间装饰图案
和标签

整洁美观的房间

展 示

把房间和自己的物品收拾得井井有条，有助于提升自信心和行动力。带你看看你朋友的房间，怎么样？

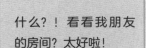

什么？！看看我朋友的房间？太好啦！

现代简约型

咦？
玲玲，你怎么来啦？
请进、请进！

刚才听阿春说……
你的房间非常漂亮整洁！！
虽然只有桌子和床，
但是简约、清爽，
非常符合你的性格！

私人房间嘛，
就要体现房间主人的风格。
咱们再去看看阿香的房间吧？

好啊！一起去看看。

住在这种房间的孩子……

不虚情假意，不矫揉造作，

表里如一，率真干练，落落大方！

2

可爱少女型

哇！
阿香的房间好可爱哦！

是吗？多谢夸奖！
我对房间进行了装饰，
尤其布置了那张床。

嗯，非常温馨、可爱，
就像你一样！

很多女孩子都把自己的房间装饰
得非常可爱。
我这里有照片，你们要不要看看？

当然要看！！

住在这种房间的孩子……
温柔、可爱，讨人喜欢！
会鼓励和安慰人，通情达理，善解人意！

快看!
房间里面有绿植,
好漂亮啊。

是呀!
朴实、自然,让人做事
专注,情绪稳定。

而且,学习区和休息区完
全分开。
我听说,学习的时候如果
看不到床,就更容易集中
精力学习。

原来是这样啊!
房间里面家具的摆放
还和学习有关系呀!!

住在这种房间的孩子……
无论对学习还是兴趣爱好,都全力以赴!
做事专注,情绪稳定!

时尚休闲型

啊！这个房间我也喜欢！

衣服和包都摆放得整整齐齐。看来房间主人崇尚个性，喜欢新事物，特意要展示给大家看的。

太棒了！
简直就像时尚小店。
可是，仔细看看，家具样式很简单。
是不是因为物品五颜六色才特意这样搭配的？

嗯，很可能就是这么想的！

住在这种房间的孩子……
开朗、活泼、热情奔放！
吸引力和感染力超强，
能引领大家积极向上！

ABCDEFGHIJKLMN
OPQRSTUVWXYZ

房间展示 5

哇，这也太酷了！
黑色＋粉色，
感觉很成熟，太像大人了。

墙上的花纹也非常漂亮！
我的房间也要装饰成这样。

为了配合房间气氛，
是我自己装饰的墙面！
没找别人呦！

什么！你自己装饰的？太厉害啦！！

使用墙纸，
装饰起来很简单。

住在这种房间的孩子……

自律、稳重，富有魅力，

令人仰慕！

房间展示 6

啊！
总算找到了玲玲
喜欢的房间类型！

哇！
瓶子整整齐齐，
里面装满珠子，
太漂亮啦！

玲玲，你不是最擅长做手工吗？
你完全可以按照自己的兴趣爱好
去装饰房间。
装饰主题可以是森林和大海，
一进房间，就像来到了大自然！
有些男孩子还把自己的房间设计
得像宇宙飞船。

看来，大家都在装饰房间
上花费了心思。

住在这种房间的孩子……

用心追逐梦想，
执着、有毅力！

生活管家咨询室

关于整理收纳，生活管家为您解答！

来自：不擅长收拾房间的人
主题：我不太明白……

为什么一定要把房间收拾干净呢？

如果房间里面乱七八糟，你就会发现东西找起来很麻烦，很浪费时间。如果房间收拾得干净、漂亮，你不仅心情好，东西也容易找到，一点也不浪费时间。找东西的时间少了，你就有更多的时间做自己喜欢的事情。所以，收拾房间只有好处，没有坏处。你说要不要把房间收拾干净呢？

来自：学生K
主题：我能做到吗？

我的房间非常乱，而且我也不具备整理收纳的能力。我能收拾好房间吗？

你能收拾好房间。收拾房间不需要你具备整理收纳的天赋！只要你掌握了收拾房间的方法和窍门，有收拾房间的干劲，就一定会把房间整理收纳得整洁、美观、舒适。

还有"请问管家，你结婚了吗？"这样的问题呢！

希望大家的问题只和整理收纳有关！

谁都能收拾出
整洁、美观的房间！

很简单！
整理收纳有窍门

想让房间整洁、美观，就要学会整理收纳。

只要掌握了整理收纳的方法和窍门，收拾房间就非常简单。

下面就从确定目标、掌握步骤讲起吧。

大家的房间都太漂亮啦！
我也想把房间收拾得整洁、漂亮！

看样子你收获不小，是不是也想动手收拾一下房间啦？

我想，你一定想把自己的房间布置得漂亮、可爱吧！

漂亮、可爱的房间可以让心情舒畅。

不过，比起漂亮、可爱，我更希望房间……

你说，房间布置成什么样好呢？

嗯……这个房间布置得不错！

有沙发、茶几，颜色也很雅致……可是房间里面没有学习书桌，你觉得这种房间适合你吗？

其实，完全仿照别人来布置自己的房间，你未必感到舒适。

所以，收拾布置房间前，一定要知道自己的需求和想法。适合自己的才是最好的！

嗯，我知道啦！

你想成为哪种类型的人？

确定整理收纳的目标

整理收纳的目标不就是让房间整洁、美观吗？

你想过在整洁、美观的房间里做什么事情吗？你最希望住在什么样的房间里面？这些问题你都要考虑清楚。只要确定了具体的目标，房间就容易收拾，而且你也想去收拾。

嗯，让我想想要把房间收拾成什么样子……

如果你不知道要把房间收拾成什么样子，就先考虑一下自己想成为哪种类型的人，再想象一下自己最希望住在什么样的房间里。

想象理想中的自己和理想中的房间

收拾房间前，先认真思考这两个问题：你想成为哪种类型的人？你想在房间里做哪些事情？只要确定了在房间里要做的事情，也就确定了理想中房间的样子。

思考这两个问题时，可以把你想到的都写出来。请在右边的横线上写出你的想法和愿望。

理想的房间整理计划书

1 你想成为哪种类型的人？

从以下类型中选择你理想中的类型。
箭头指向就是适合你的房间类型。

> 建议你的房间类型是……

- ☐ 率真、干练，表里如一 ➡ 现代简约型 参见第2页
- ☐ 温柔、可爱，讨人喜欢 ➡ 可爱少女型 参见第4页
- ☐ 做事专注，情绪稳定 ➡ 清新自然型 参见第6页
- ☐ 开朗、活泼，热情奔放 ➡ 时尚休闲型 参见第8页
- ☐ 自律、稳重，富有魅力 ➡ 成熟沉稳型 参见第10页
- ☐ 执着、有毅力，用心追梦 ➡ 趣味主题型 参见第12页

2 你想在房间里做哪些事情？

把你想在房间里做的事情写下来。比如：集中精力学习、与朋友一起做事。

把 1 和 2 组合在一起……

就是经过整理收纳后，你的理想中的房间

↓你的房间类型

是 _____

↓你想在房间里做的事情

是 _____

> 我理想中的房间属于清新自然型，这种房间
> 能让我集中精力学习！

窍门2

房间为什么乱？

找出房间凌乱的原因

嗯，查找原因就是要挑自己的毛病吧。

不是的。
房间里面乱七八糟，原因也因人而异。
只要查明了房间为什么乱，就能找到收拾房间的有效方法。
一般说来，房间乱的原因主要有以下 2 种。

说白了

原因1　东西太多！

　　房间凌乱的一个主要原因就是房间里面东西太多。为什么有这么多东西呢？因人而异，又分为 2 种类型。

无论如何
不想丢弃型

　　有些人认为东西迟早能用到，丢弃就是浪费，所以不舍得丢弃。结果，房间里面东西就越来越多。珍惜自己的东西、一点也不浪费，这很好，但是，什么都不想丢弃，就意味着没用的东西越来越多。

不知不觉
盲目购物型

　　还有些人特别喜欢买东西，购买欲极强。他们看到喜欢的东西，比如好看的笔啦、漂亮的本子啦，就忍不住买回家，结果用不了几回就扔在一边，不再使用。不知不觉，房间里面没有用的东西越来越多，除了躺在那里睡大觉，一点用处都没有。

原因2   东西乱放！

房间凌乱的第二个原因是东西乱放，摆在外面。虽然房间里面东西不多，可是如果总是随手一丢，四处乱放，没有合理收纳，那么房间里面还是乱七八糟。为什么会这样呢？因人而异，又分为以下 4 种类型。

随手一放
胡堆乱放型

这些人喜欢乱放东西。房间里面明明有橱柜、抽屉这些地方可以收纳物品，他们却不利用，随手把东西放在书桌上、椅子上、地上，甚至床上。这样一来，房间当然就乱啦。

空忙一场
虎头蛇尾型

这些人通常性子急。只要他们想收拾房间，就会急匆匆地收拾起来。可是，因为越收拾越觉得麻烦，就不想继续收拾下去。结果，房间还是乱七八糟，没有彻底收拾好。

眼不见心不烦
敷衍了事型

这些人其实很爱干净，只要看到东西放在外面，就马上收起来，胡乱塞进抽屉和橱柜里面。因为是乱塞一气，整理收纳方法不正确，所以抽屉和橱柜里面乱七八糟。

图方便
自由懒散型

这些人自由懒散，他们从来不想收拾房间，甚至认为房间乱点不算什么，用起来反而更方便、更省事。于是，房间就越来越乱。

进入下页开始进行诊断！

我的房间属于哪种类型的凌乱呢？

诊断房间凌乱的类型

下面就根据你的行为模式来诊断你的房间是哪种类型的凌乱。看看以下哪些选项和你行为一致，请在该选项前面的□内画钩。

A

- □ 至今还保留着曾经喜欢过的卡通物品
- □ 保留杂志和绘本
- □ 衣服小了，想继续留着
- □ 各种文具攒了一大堆
- □ 保留朋友的来信

B

- □ 只要东西便宜，暂时用不着也想买
- □ 爱逛十元店
- □ 喜欢各种好看的文具
- □ 赠送就要
- □ 喜新厌旧

C

- □ 书桌上面总是堆满了东西
- □ 经常忘记关电灯和橱门
- □ 书看了一半，随手一放
- □ 经常忘记东西放在哪里了，总要花时间去找
- □ 不整理书包，每天把书本全都带到学校去

D

- □ 认为不制订日程表也能做得很好
- □ 喜欢琢磨房间装饰，却从不整理和装饰自己的房间
- □ 对做手工缺乏耐心
- □ 很容易放弃
- □ 总是忘了清洗脏了的运动鞋

E

- □ 把零碎东西胡乱塞进抽屉里面
- □ 一打开橱柜门，里面的东西就往外掉
- □ 抽屉被里面的东西卡住了，拉不开
- □ 衣服穿时总有皱褶。
- □ 不拘小节

公布结果♪

A～E中，选项最多的就是你的类型。如果选项比较均衡，你就是F型。

你房间凌乱属于 ☐ 类型

*以上对于房间凌乱的类型的诊断，是在日本生活组织者协会编写的相关内容的基础上进行了整理，并添加了说明。

不同类型的注意事项！

Ⓐ 不想丢弃型

不是不擅长整理收纳，而是因为房间里面东西太多，不知道应该从哪里开始收拾。建议先从减少物品开始。第一步就是要分清哪些东西有用，哪些东西没有用！

→参见第 30 页

Ⓑ 盲目购买型

购物前先问问自己需不需要买、需要买多少。比如，笔记本除了现在正在用的，还需要再买几本合适？不同用途的包应该准备几个合适？提前考虑清楚这些事情，就不会盲目购买了。建议先确定收纳的地方，再去购买。

Ⓒ 胡堆乱放型

房间凌乱的原因就是随手乱放，想以后找时间再进行整理收纳。如果马上进行整理收纳，那么房间就会干净许多。如果是经常用到的东西，可以放到统一固定的地方。

Ⓓ 虎头蛇尾型

这种类型的孩子觉得按照常规步骤整理收纳太麻烦，也不喜欢这样做，那就不必照搬"成功人士常规整理收纳方法"，完全可以按照自己的想法去收拾房间。

Ⓔ 敷衍了事型

猛一看房间收拾得很干净，实际上连自己都不知道把东西收纳到哪里了。这和没整理一样。建议从便于使用的角度出发，重新收拾一下房间。

Ⓕ 自由懒散型

不知道怎么收拾房间时，就先从减少个人物品做起。只要清理掉没用的东西，房间就会干净许多！

我属于 C 型——
胡堆乱放型……

23

窍门3

了解自己的整理收纳类型

> 收拾方法也有适合、不适合之分吗?

> 整理收纳类型? 这是什么意思呀?
> 是指擅长整理收纳和不擅长整理收纳吗?

> 不是的,
> 就像有人是右利手,有人是左利手一样,
> 整理收纳时,有些方法适合自己,有些方法就不适合自己。
> 只有找到适合自己的整理收纳方法,
> 收拾房间才会简单、轻松。

> 原来是这样啊……

整理收纳类型有2种!

整理收纳类型有以下2种:粗略收拾的"粗放型"和想得周全、做得周密的"周密型"。你认为自己不擅长收拾房间,很可能就是因为不了解自己的整理收纳类型,用了不合适的整理收纳方法造成的。所以,一定要了解自己的整理收纳类型,这样才能找到适合自己的整理收纳方法。

粗放型
感性,不拘小节,喜欢自由!

周密型
理性,考虑周密,做事细致!

你属于哪一种？

对照发现自己的整理收纳类型

对照以下行为模式，看看哪些符合你的行为和想法，请在该选项前面的□内画钩，勾选最多的类型就是你的整理收纳类型！

粗放型……

- □ 决定要做，就一口气做完
- □ 作业在第2天上学前完成就行
- □ 不想制订暑假计划，就想自由自在地度过暑假
- □ 一心二用，边听音乐边学习
- □ 读书时喜欢从有趣的地方开始读
- □ 记在记事本上的事情，不用看也一清二楚
- □ 在哪里学习都行
- □ 购买新物品后，不看说明书，直接使用
- □ 觉得每天写日记很痛苦

周密型……

- □ 喜欢踏踏实实、一步一个脚印地做事情。
- □ 先写完作业，再去做别的事情
- □ 制订暑假计划，充实地度过暑假
- □ 专心地做一件事情
- □ 读书时习惯从第一页开始读
- □ 记在记事本上的事情，每天要逐一核对
- □ 希望固定在一个地方学习
- □ 购买新物品后，先看说明书，再去使用
- □ 喜欢每天写日记

不同类型的孩子有不同的整理收纳窍门，详细内容请看下一页。

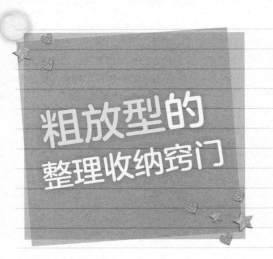

粗放型的整理收纳窍门

窍门1

使用颜色和图片让收纳场所一目了然！

粗放型的孩子擅长通过直觉观察事物、把握全局，所以，如果在收纳位置使用颜色和图片，他们马上会意识到"必须放在这里"，就觉得很容易整理和收纳。比如，在收纳箱外面贴上照片、图片，或者使用不同颜色的收纳箱，他们就能轻而易举地把物品放进对应的收纳箱里。

窍门2

简单省事的整理收纳方法更适合他们！

比起打开橱柜、拉开抽屉这类动作略繁琐的整理收纳方法，直接把物品放进收纳筐这种简单省事的方法更适合他们。因为后者动作简单、直接，他们更喜欢，也更容易坚持下去。

窍门3

开放式收纳装饰房间更可爱！

粗放型的孩子很清楚自己喜欢什么，建议他们采用开放式的收纳方式，把自己喜欢的物品放在外面，用来装饰房间！这样，不仅不用把物品收纳到橱柜和抽屉里，还能把房间装饰得更加漂亮、可爱！

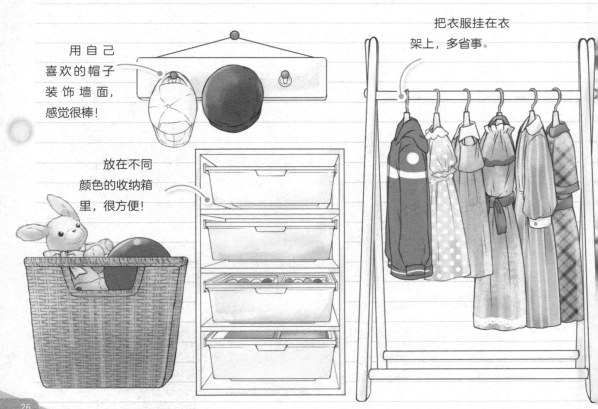

用自己喜欢的帽子装饰墙面，感觉很棒！

放在不同颜色的收纳箱里，很方便！

把衣服挂在衣架上，多省事。

周密型的整理收纳窍门

窍门1

做到整齐有序
协调统一
才会感到满意！

周密型的孩子守规则、讲秩序，做事情按部就班、有条不紊，这是他们的强项。因此，收拾房间时，要把物品摆得整整齐齐、很有次序，这样才能让自己感到清爽舒适。如果在整体色彩和材质上做到协调、统一，就更好了。

窍门2

具体划分收纳空间
明确物品的收纳位置！

只有划分好空间，确定下物品的收纳位置，周密型的孩子才会放心、满意。比如，使用隔板把抽屉分隔开来，明确物品的收纳位置后，再把各种文具放在固定位置上。他们认为这样做取放方便，找起来也不费事。

窍门3

使用文字标签
让收纳位置更明显！

划分收纳空间后，再贴上文字标签，物品的收纳位置就更加明显。比起照片、图片，文字标签描述更准确、更详细，一看就明白，非常方便。

整体色彩协调一致，
显得清爽、干净！

毛绒玩具摆放
在固定位置上！

抽屉内用隔板
划分空间，明确物
品的收纳位置。

其实很简单！

掌握整理收纳的步骤

我的房间乱是胡堆乱放造成的，
在整理收纳类型上我属于周密型……
也就是说，只要明确了物品的收纳位置，
我就能收拾好房间喽！

没错儿！
但是，在收拾房间前，
你一定要知道整理收纳的顺序，
也就是下面要介绍的3个基本步骤！
掌握了这3个步骤，
什么样的房间你都能收拾好。

整理收纳的3个步骤

第1步
整理

把房间里散乱的物品集中起来，分门别类加以整理，有用的就留下来。→**详情请看第29～31页。**

第2步
收纳

解决第1步中留下来的物品放在哪里、怎么放的问题。→**详情请看第32～33页。**

第3步
保持

养成打扫卫生的习惯，定期整理房间，保持房间整洁、美观。→**详情请看第34～35页。**

整理

选出需要的和
不需要的物品 ★

整理就是把房间里的物品分成需要的和不需要的两类，需要的就保留下来，不需要的就处理掉。整理的目的不是减少物品，而是挑选出有用的物品，这一步非常重要。

怎样进行整理?

分类
↓
挑选
↓
处理

╱ 首先是 **分类** ╲

分成若干种类

房间乱七八糟，就说明你连自己的房间有什么东西、有多少东西都搞不清楚。所以，先把房间里的物品集中起来进行分类。建议按照以下标准分类，看看每一类都有什么，又有多少。你会发现多余的物品还真不少。

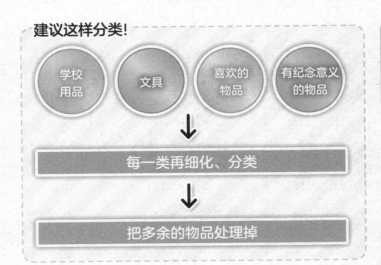

建议这样分类!

学校用品 | 文具 | 喜欢的物品 | 有纪念意义的物品
↓
每一类再细化、分类
↓
把多余的物品处理掉

这么一分类，我就清楚房间里面都有什么了!

筛选出有用的和没有用的

把每一类物品再分成"需要"和"不需要"两种。分不清"需要"还是"不需要"时，就分成"有用的"和"没有用的"。没有用的物品并不代表一定要扔掉。筛选时，先按照下面的图示对物品进行排序。

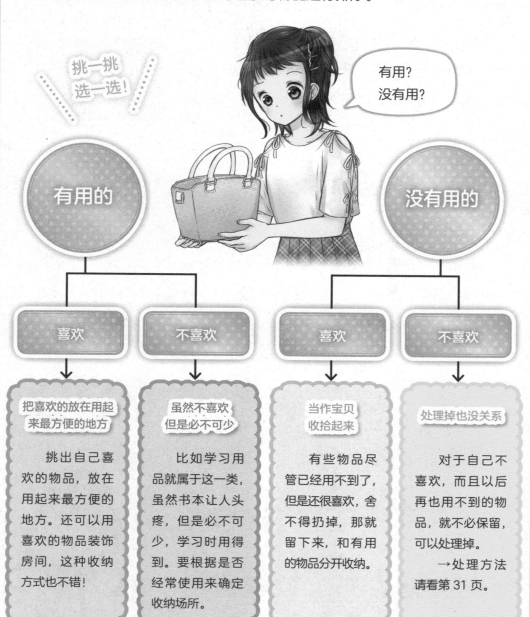

挑一挑
选一选！

有用？
没有用？

有用的 ・ 没有用的

喜欢 ・ 不喜欢 ・ 喜欢 ・ 不喜欢

把喜欢的放在用起来最方便的地方

挑出自己喜欢的物品，放在用起来最方便的地方。还可以用喜欢的物品装饰房间，这种收纳方式也不错！

虽然不喜欢但是必不可少

比如学习用品就属于这一类，虽然书本让人头疼，但是必不可少，学习时用得到。要根据是否经常使用来确定收纳场所。

当作宝贝收拾起来

有些物品尽管已经用不到了，但是还很喜欢，舍不得扔掉，那就留下来，和有用的物品分开收纳。

处理掉也没关系

对于自己不喜欢，而且以后再也用不到的物品，就不必保留，可以处理掉。

→处理方法请看第 31 页。

最后是 处理

没有用的物品要妥善处理，有些还可以重新利用

处理没有用的物品不是简单丢弃，而是要安置好这些物品的去向。有些没有用的物品很干净，对别人来说可能还有利用价值，那就把它送给需要的人，或者拿到跳蚤市场上出售，设法让它得到重新利用。

以下物品可以重新利用……

☐ 没有内页缺失、破损的图书

☐ 没有损坏的玩具和电子产品

☐ 干净的衣服和箱包

☐ 没用过的文具

向社会福利院捐赠图书和玩具时，福利院都有捐赠条件，捐赠前一定要认真咨询和确认。

建议

犹豫不决时，就想想"理想中的自己，理想中的房间"

留下还是处理掉？当你犹豫不决时，就回想一下第18～19页"理想中的自己，理想中的房间"这部分内容。考虑清楚哪些东西能用，以后能派上用场，就把它们挑出来、保留好。

收纳

确定收纳位置和收纳方法

分类整理后，房间里只留下有用的东西，需要把它们收纳在便于使用的地方。那么，收纳在哪里用起来才方便？怎么收纳效果最好？答案就是，先确定收纳位置，再考虑收纳方法。

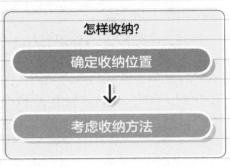

怎样收纳？

确定收纳位置

↓

考虑收纳方法

首先 确定收纳位置

想清楚东西收纳在哪里用起来才方便

首先要解决东西收纳在哪里用起来才方便这个问题。如果使用的地方和收纳的地方离得很远，那么使用时肯定不方便。为了便于使用，东西收纳的位置要靠近使用的地方。

 提示1

靠近使用的地方

根据物品的使用情况，收纳在合适的地方。比如，把学习用品放在书桌上或是抽屉里，把衣服、帽子放在穿戴的地方。

 提示2

放在惯用手一侧

根据惯用手确定收纳位置。由于经常使用惯用手，所以把常用物品放在惯用手一侧，用起来就很方便！

 提示3

优先考虑常用物品

优先确定常用物品的收纳位置。把常用物品收纳在惯用手一侧的抽屉里，或是收纳在和视线同高的橱柜里，用起来就很方便！

想清楚怎么收纳效果最好

确定下收纳位置，接下来就要用收纳用具把物品收纳起来。是采用粗放型的收纳方法呢？还是采用周密型的收纳方法呢？你要结合自己的整理收纳类型（见第 24 页）来确定。这非常重要。收纳方法不同，收纳用具也就不同。

提示1

**根据自己的整理收纳类型，
采用合适的收纳方法**

即便粗放型的整理收纳方法整体上非常适合你，但是，当你想收纳自己最喜欢、最感兴趣的物品时，就会发现这种方法用起来并不方便。你要根据收纳位置和物品的种类，对比各种整理收纳方法，从中找到最适合自己的收纳方法！

→可以参考第 26、27 页

粗放型

还是

周密型

提示2

购买收纳用具时，要测量好尺寸

收纳时，隔板、收纳箱等收纳用具要大小合适。否则，不但不适合摆放，还收纳不下。所以，购买收纳用具时，要先测量好物品的尺寸，再去购买合适的收纳用具！一定记住哦！

能叠加使用的收纳盒、收纳箱等，很不错，购买也非常方便。

收纳用具
放在显眼的地方时，
一定要看上去顺眼！

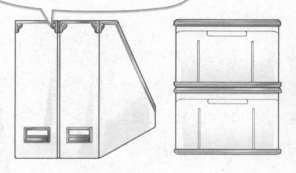

保持

考虑怎样才能保持房间整洁、美观

经过整理和收纳，房间就整洁、美观起来。但是，这并不意味着房间就彻底收拾好了！日子一天天过去，你的物品会增多，如果不继续整理和收纳，房间还会乱七八糟。所以，要制定整理规则，定期整理，养成打扫卫生的习惯。只有做到"每天简单小收拾，定期彻底大扫除"，才能保持房间整洁、美观！

怎样才能保持房间整洁、美观？

平时经常收拾房间

↓

定期彻底收拾房间

首先　平时经常收拾房间

养成每天收拾房间的习惯

辛辛苦苦把房间收拾干净了，如果还像以前那样乱放东西，房间就又变得乱七八糟，和没收拾过一样。所以，东西使用过后，就放回到原来的地方。每天花点时间，简单收拾一下房间。时间久了，就能养成每天收拾房间的好习惯。

然后　定期彻底收拾房间

每年进行一次大扫除

小学阶段，身高增长很快，一年下来，有些衣服就穿不上了。随着新学期的到来，新课本代替了旧课本，如果旧课本不及时清理，就会越来越多。因此，每年至少一次，要按照前面讲的步骤，认真收拾一下房间，把没有用的物品处理掉。这很有必要！

详细内容请看第143页第4课。

下面就介绍一下有助于房间
整洁的小妙招——贴标签！

让收纳位置
显而易见！

贴标签

有些时候，即便是确定了收纳位置，也会忘记把东西放进去；还有些时候，又记不清东西收纳到哪里去了。下面，向大家推荐"贴标签"这个小妙招。确定收纳位置后，就贴上标签，时刻提醒你：物品就收纳在这里！

方法1　用照片当标签

用相同的收纳箱收纳物品时，可以在箱子外面贴上照片，一目了然，提示箱子里面收纳的物品，特别适合收纳鞋和衣服。相比之下，文字描述就比较麻烦。

方法2　用图片当标签

同样是一目了然，图片就比照片灵活、可爱。可以把图片贴在收纳衣服的橱柜上，在收纳文具的地方贴上图片也很不错。

方法3　使用文字标签

照片和图片容易引人注意，文字标签就不那么显眼，所以，可以把文字标签贴在不想引人注意的收纳位置。另外，想详细说明时，可以使用文字标签。

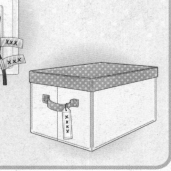

窍门5

此招战无不胜！

喜欢上收拾房间

我也希望自己喜欢收拾房间，可我就是不会收拾……

　　认为自己不会收拾房间，这都是自己臆想出来的。一看到房间里面乱七八糟，就觉得自己不行，没有干劲，房间也就越来越乱。这么一来，就让自己陷入"收拾不好房间"的恶性循环之中。

收拾不好房间的恶性循环

房间
乱七八糟

我就是不会
收拾房间

我再也不想
收拾房间了

那么，怎样才能摆脱这个恶性循环呢？

建议先从收拾整洁一个地方做起。

把一个地方收拾整洁了，你就有了"我会整理收纳"的自信。

渐渐地，你越来越有成就感，就会喜欢上收拾房间啦。

带着愉快的心情去收拾房间，能明显提高整理收纳的效率！

36

把一个地方收拾整洁了，并且保持干净，就会喜欢上收拾房间！

对于不会收拾房间的孩子来说，一下子把房间收拾整洁是很困难的。先试着把书桌或者床这些常用的地方收拾整洁。每天就收拾这一个地方，并且让这一个地方保持干净。这样做比较简单，慢慢地你会发觉自己收拾得还不错，挺整洁的。有了自信，你就会喜欢上收拾房间。

首先
试试看。

开始

保持一个
地方的整洁、美观。

就想把其他地方
收拾整洁。

做到了！
我能收拾整洁！

越看越舒服，
习惯了整洁美观。

建议

要不断积累、反复体验"我收拾好了！"的成功经历。

"我做不到。""我讨厌去做。"这种消极的认识和想法会给自己带来负面影响，很容易打击自己的干劲。要想改变自己不会整理收纳的想法，就要不断积累、反复体验"我收拾好了！"的成功经历，充分享受由此带来的快乐心情，这非常重要。

生活管家咨询室

关于整理收纳，生活管家为您解答！

来自：爱购物的人
主题：东西买个不停……

我的房间乱，是我盲目购物造成的。可是，我一买东西就停不下来。怎么做才好呢？

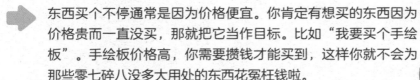

东西买个不停通常是因为价格便宜。你肯定有想买的东西因为价格贵而一直没买，那就把它当作目标。比如"我要买个手绘板"。手绘板价格高，你需要攒钱才能买到，这样你就不会为那些零七碎八没多大用处的东西花冤枉钱啦。

来自：粗放型的孩子
主题：做了收拾类型诊断……

我和妈妈都做了收拾类型诊断。结果是：妈妈属于周密型，我属于粗放型。她总是指责我这里收拾得不对、那里收拾得不好！我都烦了。怎么办呀？

对你来说，这就是一场"灾难"，呵呵。建议让你妈妈看看这本书，了解一下整理收纳类型因人而异。这样，她就会理解你，不会一味指责你了。

来自：小雷
主题：何时必须自己收拾房间？

我的房间一直是爸爸妈妈收拾。我想问问：从多大年龄开始，我必须自己收拾自己的房间？

这与年龄无关，总有一天你要自己收拾房间，因为这是你自己的事情。建议从今天开始，试着收拾自己的房间吧！

把房间收拾干净！

房间的整理和收纳

掌握了整理收纳的步骤之后，就要亲自收拾房间啦！

通过整理和收纳房间中的物品，

找到适合自己的方法，把房间收拾好。

整理
↓
收纳
↓
保持

这还不简单！！

下面，我就开始收拾啦！

喂，快来帮帮我！！

什么？！
收拾自己的房间
还要别人帮忙，
这种收拾还有什么意义！！

让我自己整理……
那我应该先从哪里开始呢？

先从哪里开始整理非常重要。
房间是放置你个人物品的专属空间，
选择你最常使用的地方，就从这里开始整理。

整理和收纳应该先从自己常用的地方开始

房间的整理和收纳应该先从收拾起来最顺手的地方开始。说得再具体一点，就是从你每天都用到的地方开始整理。因为你最清楚这个地方的物品有用还是没有用。要是你连物品有没有用都分不清楚，那么就没有干劲整理下去。轻轻松松地整理和收纳好自己最常用的地方，你就有成就感，接下来整理和收纳其他地方也会干劲十足。

建议制订整理和收纳计划，确定整理和收纳的先后顺序和完成时间。请填写完成下面的整理和收纳计划备忘录。

书桌

衣柜

书架

自己整理和收纳

整理房间应该先从哪里开始？

42

整理和收纳计划备忘录

先后顺序
第1位

在你的专属空间里，每天经常使用的
放置你个人物品的地方是哪里？ 比如：书桌

目标 在＿＿＿＿＿＿＿＿＿＿＿＿＿＿＿＿之前整理和收纳完毕。

↑在什么时间完成，写下完成时限。

先后顺序
第2位

你还有其他常用地方吗？ 比如：书架

目标 在＿＿＿＿＿＿＿＿＿＿＿＿＿＿＿＿之前整理和收纳完毕。

先后顺序
第3位

一边和爸爸妈妈商量，一边进行整理和收纳
的地方是哪里？ 比如：衣橱和衣柜

目标 在＿＿＿＿＿＿＿＿＿＿＿＿＿＿＿＿之前整理和收纳完毕。

房间整洁、美观，才会轻松、愉悦！

学习用品的整理和收纳

怎么搞成这样……
明明是书桌，
可桌上却堆满了与学习无关的物品。

还记得第 28 页介绍的"整理收纳的 3 个步骤"吗？
那就从第 1 步"整理"开始做起。
把书桌周围的物品和抽屉里的物品全部集中到一起，先分类，再挑选和清理！

第1步　整理　按照学习用品种类和使用场所进行整理

整理时，要按照学习用品的种类进行分类，同时，也要结合学习用品的使用场所进行分类。这样，收纳和使用起来才会方便。

在学校使用的学习用品

课本、笔记本、学习资料

学习用具

现在，把你在学校里使用的课本、笔记本以及印发的学习资料整理到一起。用过的课本和笔记本，就按照第 46 页的方法整理。

包括写字工具、绘画工具、劳动用具、演奏乐器等。

在家里使用的学习用品

参考书、词典、习题集

把在家里使用的参考书、词典、习题集挑选出来，不要和在学校里使用的课本、笔记本、学习资料混在一起。

网课教材

把网课教材和配套材料整理到一起。

文具

铅笔、橡皮、剪刀、胶棒等

把还没使用的铅笔、橡皮等文具放入储存盒。一打开储存盒看到里面的文具，你就知道缺什么文具，还需要购买哪些文具，非常方便！

把在家里使用的铅笔、橡皮、剪刀、胶棒、胶带、订书机等整理到一起。

在兴趣班使用的用品

兴趣班教材、需要的用具

把上兴趣班使用的教材和用具整理出来，不要和在学校、家里使用的学习用品混在一起。

其他物品

与学习无关的物品

包括漫画书、杂志、布偶、配饰等。

除了想用来装饰环境的，其他与学习无关的物品就收纳到别的地方！

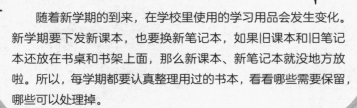

要定期整理

在学校使用的学习用品

随着新学期的到来，在学校里使用的学习用品会发生变化。新学期要下发新课本，也要换新笔记本，如果旧课本和旧笔记本还放在书桌和书架上面，那么新课本、新笔记本就没地方放啦。所以，每学期都要认真整理用过的书本，看看哪些需要保留，哪些可以处理掉。

是保留？还是处理？学校用品检查一览表

	要保留的	要处理的
用过的课本	·上学期的课本 ·地图册等需继续使用的配套课件 上学期的课本需要保留，以后复习时还能用到的相关课件也要保留。	·不会再用的课本 用过的美术、手工和音乐教材，通常不会再用了，可以处理掉！
用过的笔记本	·本学年用过的笔记本 ·以后想复习参考用的笔记本 本学年用过的笔记本还有复习价值，所以要保留。	·上学年的笔记本 （你认为以后不会再看的） ·字帖、计算练习本等 字帖、计算练习本和记事本就不用保留了！
学习资料	·本学年学校印发的学习资料。 因为本学年印发的学习资料通常延续性较强，对新学期的学习有一定的参考价值，所以要按照学科分类保留。	·上学年的学习资料 没有参考价值的学习资料无须保留！

	要保留的	要处理的
试卷	·本学年的试卷 按学科分类整理，留待复习时再用。	·上学年的考试卷。
作品	·自己非常喜欢的作品 ·值得回忆的作品 要确定好收纳的地方和收纳空间，空间多大，就保留多少。	·不喜欢的作品 ·有破损的作品 有些作品虽然已经不适合保存，但实在舍不得丢掉，就拍成照片，以照片的形式保存下来。
奖状和证书	·重大比赛获得的奖状 ·证书（比如毕业证书等具有证明价值的材料） 可以放在一起，也可以分类放在文件夹或文件盒里。	·意义不大的小奖状（鼓励奖、全勤奖等） 如果你觉得小奖项的奖状保留意义不大，那就处理掉。
其他物品	·学习用具 颜料画具、书法工具、雕刻刀、缝纫工具、演奏乐器等工具，在以后的学习生活中也能用到，所以要保留。	·上学年的班级名牌、板报资料 ·穿不上的校服、运动服 有了新的校服、运动服和新学年的班级名牌，就把旧的处理掉。

布置好书桌

经过分类整理，挑选出能用的学习用品并收纳在学习的地方。放学回家后，你都是在哪里学习呢？如果是在自己房间的书桌上学习，那就布置好书桌，把学习用品摆放整齐。一定要把学习用品放在自己用起来最方便的地方。

如果是在客厅里学习，就请参考第 54 页的内容。

布置要点1

把常用的学习用品放在容易拿到的地方

首先要确定常用的学习用品的收纳位置，建议把常用的书本、铅笔、钢笔、橡皮等放在不用起身就能拿到的地方。

布置要点2

把上学用品和上兴趣班、网课用的物品分开收纳

把上学用品和上兴趣班、网课用的物品分开收纳。这样，上学和上兴趣班、网课时，准备起来就很轻松。

布置要点3

把常用的学习用品放在惯用手一侧

因为惯用手一侧的物品拿起来非常方便，所以常用的学习物品要放在惯用手一侧，不仅拿取方便，还节省时间。

从下一页开始，将为大家介绍书桌的布置技巧！

书桌的 5个布置技巧

技巧1

把常用的计划表、日程表和学习单页 贴在书桌前面的挂板上

在书桌前面的墙壁上安装挂板，用来粘贴个人计划表、日程表以及学习单页，还可以粘贴记事条或便利贴。一抬头就能看到挂板上面的提示，重要的事情就不会忘记啦。

技巧2

笔筒不要 放在书桌上

笔筒可以收纳常用的铅笔、钢笔、尺子等。为了不占用桌面空间，最好不要把笔筒放在书桌上。建议在挂板上安装挂钩，把笔筒挂在上面，固定结实。

技巧3

把词典、参考书 放在移动书柜上

把词典、参考书等整齐摆放在移动书柜上。再把移动书柜放在书桌旁边，用起来会很方便。

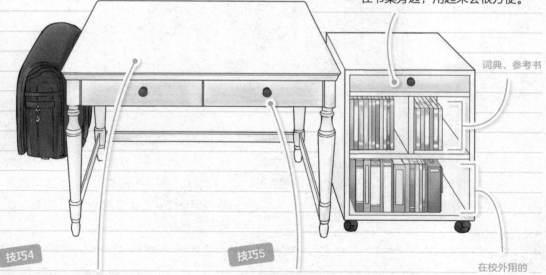

词典、参考书

在校外用的学习用品

技巧4

桌上只放当下要学习的 课本、作业本

桌上尽量不要再摆放其他物品，或只摆放最基本的学习用品。只有桌面整洁，没有杂物，才能集中精力学习。

技巧5

其他常用文具 放在抽屉里

剪刀、便利贴、胶棒等其他常用的文具收纳在惯用手一侧的抽屉里，另一侧的抽屉可以收纳文具储存盒。

抽屉的 4个布置技巧

使用隔板

　　收纳文具时，为了防止抽屉里面乱七八糟，可以先用隔板分隔抽屉内部的空间。如下图所示，分门别类，整齐有序，一目了然。

抽屉不要塞得太满

　　抽屉一旦塞得太满，不是拉不开，就是关不上，文具找起来也很麻烦。所以，不要把抽屉塞得太满，文具占到抽屉的七成空间就可以。

不常用

常用

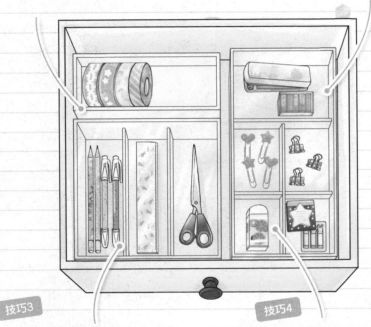

把常用文具放在抽屉最外面

　　惯用手一侧的抽屉用起来最方便，建议把常用文具放在这些抽屉的最外面，用起来非常方便。

文具不要重叠摆放

　　通常情况下，抽屉里每个小隔只收纳1种文具，而且只摆放1层。如果文具重叠摆放，那么下层的文具不仅不好拿，还不容易被发现。

要点

改装隔板

　　有些书桌已经在抽屉里安装了隔板，但是使用起来并不方便。这种情况下，你可以进行改装。比如，用空盒子代替隔板，分隔出合适的收纳空间，或者购买合适的隔板，根据实际需要重新划分抽屉空间。

抽屉的 5个收纳技巧

技巧1

根据抽屉高度收纳学习用品

书桌一般都有很多抽屉，而且这些抽屉高度也不一样。收纳学习用品时，一定要根据抽屉的高度，最大限度地利用抽屉空间，达到最好的收纳效果。

技巧2

惯用手一侧的抽屉用来收纳常用文具

如，对于右利手的人来说，这个抽屉就是收纳常用文具的最佳抽屉。

技巧3

胸前的抽屉最好留着备用

胸前的抽屉不适合收纳常用文具。平时学习时，需要把身体向后移，才能拉开这个抽屉，有时还要把椅子向后移。因为用起来不方便，所以最好是备用，比如可以临时收纳暂时没完成的作业、手工制作或看到一半的书等。

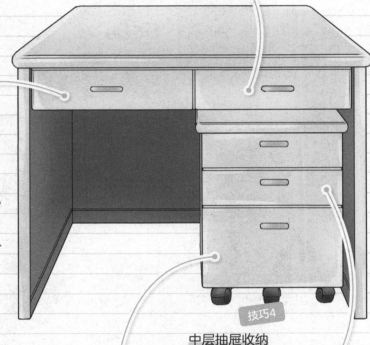

技巧4

中层抽屉收纳大尺寸文具和电子产品

把尺寸较大的文具、文具储存盒以及电子词典、平板电脑等电子产品收纳在中层抽屉里。

技巧5

最大的抽屉收纳书和学习资料

最大的抽屉一般在书桌最下层，可以用来收纳较重的书籍和需要保留的学习资料。为了取放方便，尽量不要叠起来摆放。

书桌布置示例

通常情况下，把书桌布置得便于使用就可以啦！下面就结合个人的习惯和喜好，讲解几个精心布置书桌的示例。

画笔整齐摆放在书桌前
画家范儿十足！

如果你喜欢画画，就可以把画笔整齐摆放在书桌前。做法：在书桌前面的墙壁上安装一根横杆，用挂钩把笔筒挂在横杆上，再把自己用到的各种画笔插在不同的笔筒里面，用起来就非常方便。

使用洞洞板
可以自由挂放!

　　具体做法: 在书桌前面放置一张大的洞洞板,挂上挂钩,把收纳架和展示架挂在挂钩上面,最后把自己喜欢的物品放在架子上面。这样,抬头就看到自己喜欢的物品,心情就会轻松和愉悦!

简单一布置
提高专注力!

　　如果只想集中精力、专心致志地学习,那么最好布置得简单一些,书桌上面只摆放最基本的学习用品就可以。建议像图示中的大姐姐一样,背靠墙摆放书桌,这样,桌前有开阔的空间,能让你的思路也变得开阔。

应该怎么办？

如果想知道更多关于学习区的整理和收纳方法，那么"你提问，我来答"吧！

如果把书桌让给哥哥，暂时要在客厅里学习，怎么办？

把学习用品装进文件盒、文件箱，能带到任何地方学习！

收纳学习用品的地方不仅限于书桌！没有书桌时，可以在书架上设置学习用品专区，集中收纳自己的学习用品。把学习用品的"家"安在了书架上，就不愁找不到它们。另外，还可以把常用的学习用品装进文件盒、文件箱，能带到任何地方学习，非常方便！

文件盒、文件箱便于携带，可以收纳……

- ☐ 书写工具（铅笔、钢笔、橡皮等等）
- ☐ 笔记本（或其他可以写字的本子）
- ☐ 必要的参考书
- ☐ 削笔刀
- ☐ 小刷子（用来清扫橡皮屑）

无盖文件盒可以省去打开和关闭文件盒的时间，用起来非常方便。

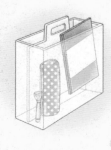

文件箱可以收纳课本、笔记本和练习册，建议一个文件箱就收纳一个学科的书本，学哪一科就带上这一科的文件箱，非常方便！

学习用品的收纳示例

在校用的课本、笔记本

　　在学校使用的课本和笔记本要收纳在最容易取放的地方。

文具

　　要有收纳文具的地方！睡前准备第2天上学物品时，就非常方便。

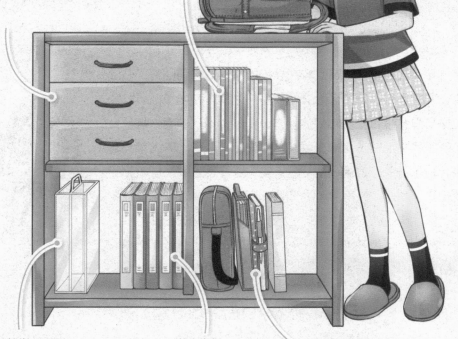

在家用的学习用品

　　把它们装进文件盒或文件箱，可以随身携带，非常方便。在客厅学习时就放在身边，省去了多次回自己房间拿取物品的时间。

学习资料

　　放进文件夹里，竖起来摆放。

在兴趣班用的学习用品

　　要有专门收纳在兴趣班使用的学习用品的空间。

推荐使用小推车收纳学习用品

　　在家里，学习地方不固定时，可以把学习用品放在小推车里。只要把小推车推到学习的地方，所有问题就都解决啦！

寒暑假，放在学校里的
物品要带回家，怎么办？

 家里要设置收纳学校物品的
地方！

嗯，一到寒暑假，房间就乱起来，原因就在这里呀！

　　寒暑假，整个学期都放在学校的绘画颜料和画笔、书法用具要带回家保管。因为这些物品平时都放在学校，所以家里通常没有设置收纳它们的地方。于是，到了假期，从学校带回家的物品就没有地方收纳，只能摆在外面，房间就乱起来。为了避免出现这种情况，家里一定要设置收纳学校物品的地方。此外，每周末需要清洗的上学使用的物品，如校服、运动服、运动鞋、收纳袋等，处理完毕后要放在固定的位置。

学校物品的收纳要点

1 家里固定设置收纳物品的地方

　　平时可能用不到，但是到了假期，家里需要有固定的地方收纳带回家的学校物品。

2 物品要集中收纳在一个地方

　　学校物品带回家后，要集中收纳在一个地方。如果东一个西一个、见缝插针地分开收纳，就很难记住每个物品的具体位置，到返校的时候不仅找起来麻烦，而且很有可能找不到了！

3 收纳到橱柜里，房间就显得干净清爽

　　寒暑假带回家的学校物品在整个假期几乎都用不到，所以要收纳在橱柜最里面，即使拿取不方便也没关系。

学校物品的收纳示例

下周上学使用的物品清洁后放在明显的地方！

清洗干净的校服、运动服、运动鞋、收纳袋等下周上学时要用，所以要放在明显的地方，比如放在书包旁边。建议在书包旁边放个可爱的收纳筐，整洁、美观，占不了多大地方！

把放寒暑假带回家的物品收纳到橱柜里面！

家中橱柜要留出收纳学校物品的地方。这样，每到寒暑假，就可以把从学校带回家的绘画工具、书法用具直接放进橱柜。只要关上橱柜门，物品就"消失不见"，整个房间看起来没变化，一点也不乱！

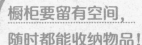

建议

橱柜要留有空间，随时都能收纳物品！

临时收纳物品时，橱柜是最好的选择，用起来最方便。所以，家里的橱柜一定要留有空间，随时都能收纳物品！

我会经常检查的!

生活管家的
整理收纳小测验

以上关于房间整理和收纳的内容,希望大家都能理解并全部掌握。
为了进一步巩固所学的内容,下面就进行一次小测验。

1 房间乱,第一是因为东西太多。

第二是因为 ☐☐☐☐ 。

2 整理和收纳的3个步骤是

整理 ➡ 收纳 ➡ ☐☐ 。

3 整理物品时,不要根据"需要""不需要"判断,

而要根据" ☐☐☐ "" ☐☐☐ "来判断。

4 如果不知道"从哪里开始整理",

就从自己的 ☐☐ 地方开始整理。

以下哪个房间能集中精力学习?

 以下不适合放在书桌上的是:

A 电脑

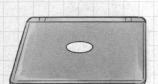

B 漫画书

C 兴趣班教材

7

经常使用的文具应该放在 A ~ E 中的哪个抽屉里面?

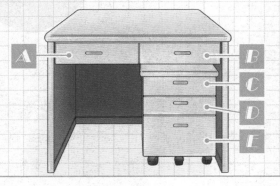

答案

1 东西乱放　　2 保持　　3 有用的、没有用的　　4 常用

5 B(学习时看不见床的房间)　　6 B　　7 B(右利手的情况下)

变得更加整洁、美观！

衣服、配饰的整理和收纳

（篇幅所限，以女生为例哦）

明明有衣柜，房间怎么还是乱七八糟？……

看看！衣柜里面满满的！再也装不下衣服啦！！

嗯！原来是这样啊，看来你的衣服太多了！
这里面肯定有你不再穿或不喜欢穿的衣服。
记住，整理衣柜的原则：不穿的衣服一件都不留！

嗯……好吧！

第1步 整理

/ 首先 \

按照种类分类

便服

校服

配饰

如果连自己的衣服、帽子、围巾都放得乱七八糟，那就很难让自己精气神十足。首先把它们分成两类：衣服和配饰（包括包、帽子、围巾等）。另外，还要把校服和上兴趣班穿的衣服挑选出来，单独放置。

接着 按照季节分类

把衣服挑选出来后，再按照季节进行分类。你必须知道自己春夏秋冬每个季节分别有哪些上装、哪些下装，以及有没有不再穿的衣服。

建议你把"不再穿的衣服"处理掉。

"继续穿"还是"不再穿"判断流程图

是把衣服留下来继续穿，还是将不再穿的处理掉？当你犹豫不决时，可以根据下图来判断。

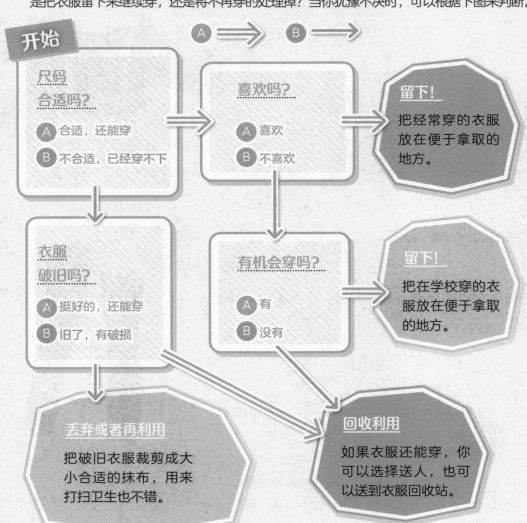

开始

尺码合适吗？
Ⓐ 合适，还能穿
Ⓑ 不合适，已经穿不下

喜欢吗？
Ⓐ 喜欢
Ⓑ 不喜欢

留下！
把经常穿的衣服放在便于拿取的地方。

衣服破旧吗？
Ⓐ 挺好的，还能穿
Ⓑ 旧了，有破损

有机会穿吗？
Ⓐ 有
Ⓑ 没有

留下！
把在学校穿的衣服放在便于拿取的地方。

丢弃或者再利用
把破旧衣服裁剪成大小合适的抹布，用来打扫卫生也不错。

回收利用
如果衣服还能穿，你可以选择送人，也可以送到衣服回收站。

四季衣橱

下面就介绍每个季节应该准备哪些衣物,
在整理自己的衣服时,你可以参考借鉴。

**春天的衣服要质地轻盈、
颜色亮丽,显得清爽干净,
给人留下好印象!**

春天是新学期开始的时间,可以穿质地轻盈、
颜色亮丽的服装。这不仅让人心情愉悦,还迎合
了春天到来、新学期伊始的新气象。 在不穿校服
的日子里,即便是一身休闲装,也要清爽干净,
给人留下好印象。

推荐的颜色

淡紫色	粉红色	绿色	黄色

以白色和灰色为主色调,搭配浅色系的淡紫
色、粉红色、绿色或黄色,显得活泼、靓丽!用
深蓝色做底色也很不错。

上装

一到春天，乍暖还寒，所以要多穿几件衣服。建议选择容易搭配的单品！

长袖T恤衫

七分袖针织衫

格纹衬衫

下装

蓬蓬裙充满春天气息，建议准备1件。另外，再准备1条颜色艳丽的裤子，可以穿去踏青、游玩。

蓬蓬裙

牛仔裙

彩色休闲裤

外套

准备2款薄外套，分别是防风款和休闲款。

配饰

防风外套

开襟毛衣

内搭套裤

夏

淑女装、休闲装、运动装，穿在夏天！

炎热的夏天，尤其是暑假里，你可以尝试不同风格的装扮！上面穿件短袖、下面配条短裙或短裤，非常简单，也非常常见！正因为简单，才更要注重衣服的样式，享受时尚的乐趣。

推荐的颜色

红色	蓝色	淡蓝色	彩虹色

亮丽的颜色和缤纷的彩虹色是夏天的最佳选择。清凉舒爽的果子露色以及感觉活泼的颜色也都适合夏天。

上装

夏天必须多准备几件短袖 T 恤衫和短袖衬衫。另外，背带衫漂亮、时尚，在假期出去游玩的时候穿，会让人身心得到大解放！

短T恤衫　　短袖衬衫　　背带衫

下装

夏天，下装可以穿短款，比如短裙、短裤，不同穿搭，就显得靓丽多姿、富有变化。

短裤　　短裙　　百褶裙

连衣裙

夏天经常穿的就是连衣裙，既经典又流行，永远不过时！

配饰

短袖连衣裙　　背带裙　　帽子、凉鞋

秋

捕捉秋天的颜色，
感受人生的收获！

　　秋风送爽，告别夏天的炎热，心情也变得宁静。秋天是收获的季节，也是新学年的开始，它让我们体会到人生的成长与快乐，让我们更加坚定地面向未来。秋天，大自然黄黄绿绿，落叶归根，也让我们珍惜时间和生命。

推荐的颜色

灰色	军绿色	驼色	土黄色

　　推荐平静沉稳的深色为主色调，比如，以驼色和灰色作为经典颜色，可以搭配任意颜色，衣服就很容易选择。

上装

建议准备 2 款，1 款是可以单穿的，1 款是带背心或马甲之类的两件套。两者都有的话，就可以换搭，看上去不单调！

长袖衫

中领衫

运动、休闲背心或马甲

下装

秋天可以搭配沉稳风格的下装。

裙裤

加绒牛仔短裤

A字裙

罩衫

因为冬天还要穿上厚外套，所以秋天的罩衫就选择简单的款式。

配饰

连帽衫

长针织开衫

厚高筒袜

冬

蓬松的毛绒材质，
温暖中透着可爱！

　　冬天的衣服颜色比较深，这样显得沉静、内敛。但是，衣服样式一定不要过于简朴。蓬松的毛绒材质，上面点缀明亮的装饰，不仅显得有活力，还让人感觉温暖、可爱！

推荐的颜色

紫色	浅蓝色	酒红色	米色

　　紫色和酒红色很适合冬天。白色和黑色是一年四季的经典色，尤其适合冬天。

上装

冬天最适合穿毛衣，能烘托冬天气氛，高领衫和卫衣简单、随意，也必不可少。

毛衣　　　　　　　　高领衫　　　　　　　　连帽衫

下装

除了一年四季都能穿的牛仔裤外，还要准备几条适合冬天穿的质地厚实的裙子！

毛绒裙　　　　　　　　牛仔裤　　　　　　　　裤裙

外套

淑女款外套和优雅轻便的羽绒服必不可少！

配饰

厚外套　　　　　　　　羽绒服　　　　　　　保暖裤、靴子

衣服的收纳

接下来要把衣服收纳进衣橱和衣柜里面。衣服都是自己精心挑选的，也都非常喜欢，当然想穿得长久一些。不同的衣服有不同的收纳方法，收纳时一定要合理安排收纳的地方。

不能胡乱塞进橱柜里面！

衣服收纳小贴士1

当季衣服放外面，过季衣服往里放！

到了春天，就把春夏两季的衣服放到便于拿取的地方；到了秋天，就把秋冬两季的衣服换到便于拿取的地方。过季衣服放在橱柜最里面。

衣服收纳小贴士2

确定是把衣服挂起来还是叠起来！

衣服的收纳方法主要有两种，一种是挂起来收纳；一种是叠起来收纳。请参考第71、72页的介绍，选择合适的收纳方法。

衣服收纳小贴士3

按照衣服的种类收纳！

按照种类，确定好上装、下装、外套的收纳位置，收纳时要露出衣服的颜色和图案，便于挑选。

从下一页开始，就详细介绍衣服的收纳方法！

适合挂起来收纳的衣服

有些衣服叠起来容易产生皱褶，有些衣服太厚实，不好叠。可以把这些衣服挂在衣架上，再收纳到衣柜里。

外套　　　　连衣裙　　　　短袖衫

短裙　　　　长裤

要点

把衣服整整齐齐挂在衣柜里面，挑选起来很方便！

挂衣服时，先把衣服分好类，再把同类的衣服按照长短顺序排列整齐。这样，打开衣柜，马上就能找出想穿的衣服，非常方便！

71

适合叠起来收纳的衣服

针织衫、T恤衫、毛衣、内衣之类的衣服挂起来容易变形，最好是叠整齐收纳在橱柜抽屉里。如果裤子不容易产生皱褶，就叠起来收纳。

针织衫　　　毛衣　　　牛仔裤

睡衣　　　筒袜　　　内衣

要根据衣服的种类选用不同高度的抽屉！

还可以把内衣和睡衣收纳在浴室附近。

收纳内衣时，选用18厘米高的浅抽屉比较合适；收纳一般的上衣时，18~24厘米高的中等抽屉比较合适；较厚的上衣和长裤就收纳在高度超过24厘米的深抽屉里面。

下面就介绍两个用抽屉收纳衣服的示例，再给大家讲讲怎样叠衣服！

内衣和筒袜

用隔板把抽屉竖着分成3格，内衣、筒袜分别放在不同格子里，要排列整齐，以便挑选。

内裤
颜色和图案都露在外面，很容易挑选。

内衣
摆放时不要靠得太近，避免挤压变形。

筒袜
正式场合穿的白色筒袜和黑色筒袜要放在抽屉最里面。

内裤的叠法

内衣的叠法

筒袜的叠法

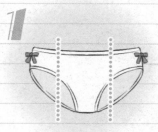

1

如图，把左右两边向里折。

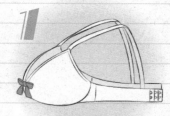

1

如图，对折后，把罩杯整理成自然膨起状。

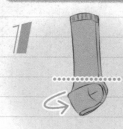

1

如图，筒袜两只对齐后，把袜子前掌折向后掌，再从脚踝处向上翻折。

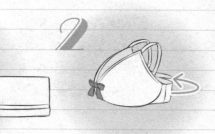

2

分成三部分，上部向下折，下部向上折，塞进腰部的松紧带里。

2

把肩带和背部的宽带塞进罩杯中。

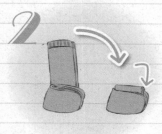

2

把袜口塞进前后掌中间。

衣服叠好后，根据它的质地，有的需要竖放，有的需要平放。

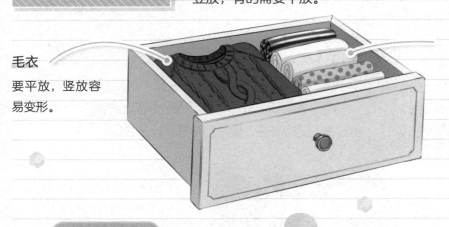

毛衣
要平放，竖放容易变形。

T恤衫
竖放更容易挑选。把常穿的T恤衫放在抽屉最外面。

简易叠法

1

如图，将衣服正面朝上，左右对折，两袖对齐。

2

翻折两袖。

3

上下对折或3折都可以。

下面再介绍一种上装的叠法，有点复杂，但是叠出来很漂亮，你也试试吧。

中间没有折痕的叠法

1

如图，将衣服背面朝上，
在一侧的肩膀中间处折叠。

2

翻折衣袖。

3

另一侧折法相同。

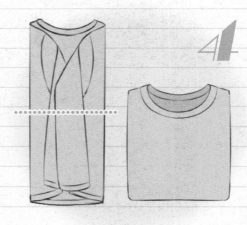

4

上下对折或 3 折后，将衣
服正面朝上。

完成！

上下对折还是 3 折，
取决于抽屉的大小！

连帽衫的叠法

1

如图，将衣服背面朝上，在一侧的肩膀中间处折叠。

2

翻折衣袖。

3

另一侧折法相同。

4

将帽子向后折。

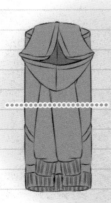

5

上下对折后将衣服正面朝上。

如果 3 折，帽子就会有折痕，所以对折比较漂亮。

下装

把叠好的下装竖起来收纳在深抽屉里。竖放容易倒的情况下，可以用书立架固定住。

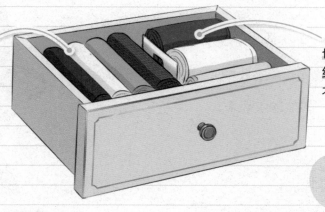

3折还是4折，取决于抽屉的深度。

也可以卷起来收纳，这样能防止衣服出现皱褶。

长裤的叠法

1

如图，将裤子正面朝上，左右对折。

2

将臀部凸出部分向里折。

3

上下对折或3折。

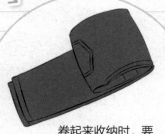

卷起来收纳时，要从腰部卷起！

配饰的收纳

包、帽子、围巾等也要有固定的收纳位置，并且要收纳整齐，这样用起来方便。包、帽子和围巾可以像衣服那样按照季节收纳，当季的放在外面，过季的收起来。

> 帽子、包等也可以放在外面，这种展示型收纳效果很棒哒！

配饰的收纳小贴士1

常用配饰放在明显的地方

把常用的包和帽子放在明显的地方，比如挂在墙上，用起来就很方便。

配饰的收纳小贴士2

不常用的配饰就收纳起来

有些配饰只有在特殊场合才会使用，因为用的次数很少，最好就收纳起来，即便是找起来有点麻烦也没关系。为了避免沾染灰尘，可以装进盒子或者纸袋里。

配饰的收纳小贴士3

发饰要单独收纳

发饰之类的小饰品如果混放在一起，挑选时就很费时间。把它们单独收纳起来，一个一个井然有序，就容易挑选。

包和帽子

固定一个区域，用来收纳常用的包和帽子。不常用的包和帽子就收纳在别的地方。

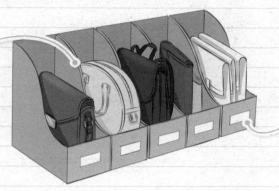

放进文件盒或者用书立架隔开

因为包和帽子容易变形，所以放置时要间隔开来。

在收纳位置贴上标签！

包和帽子用过后要放回原来的地方。在收纳位置贴上标签，就知道应该放在哪里啦！

围巾

当季围巾挂在外面，过季围巾收起来，确保围巾不要出现皱褶！

把过季围巾收纳在筐子或箱子里。

围巾一旦过季，很长时间都不再使用。这时就把它卷起来，整齐地摆放在筐子或箱子里面。

当季围巾挂在衣架上。

当季围巾经常使用，最好挂在衣架上。

发饰和胸针

按照不同的风格和用途收纳好，不要乱堆。

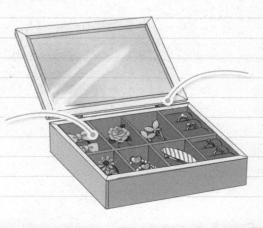

分隔好空间

按照不同的风格和用途固定好位置。

收纳盒很方便

注意保持卫生，要使用带盖子的收纳盒。

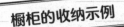
看看玲玲是如何
用橱柜收纳衣物的!

橱柜的收纳示例

过季衣服
根据季节调整收纳位置。
衣服当季时就挂起来收纳,
过季后就装进箱子。

空出来的地方
这是预留的收纳空间,在
衣物突然增多时可以暂时
收纳。

衣架上挂的
都是当季衣服

帽子
比较硬实、不易变
形的帽子可以平放。

内衣和筒袜都
放在上面最浅
的抽屉里

放包处

夏季衣服
因为夏季衣服挂起来收纳的多、
叠起来收纳的少,所以就把夏
季衣服放在中间这个较浅的抽
屉里。挑选夏季衣服时,只要
看看衣架上面挂的,再看看这
个抽屉里面装的,就心中有数
啦,你说轻松不轻松!

冬季衣服
把冬天穿的毛衣和裤子
放在橱柜底部最深的抽
屉里。冬天衣服厚实,
占用空间大,所以最深
的抽屉比较合适。

**围巾等可以
卷起来收纳。**

收纳学校物品
这里专门用来收纳学期
结束后带回家的学校物
品。平时,箱子是空的。

以前，橱柜门背面什么都没有，现在经过改装，也能收纳物品了！改装得比较简单，花费也不多，挂钩等在购物网站就能轻松买到。

门背面也花了心思！

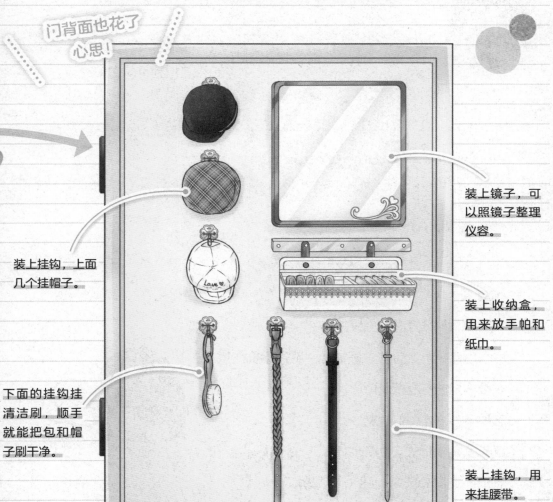

装上镜子，可以照镜子整理仪容。

装上挂钩，上面几个挂帽子。

装上收纳盒，用来放手帕和纸巾。

下面的挂钩挂清洁刷，顺手就能把包和帽子刷干净。

装上挂钩，用来挂腰带。

咦？你的发饰放在哪里啦？

都放在梳妆台上面啦，我在那里打理头发！

快点告诉我！

衣服的保养小知识

喜欢的衣服要想穿得久，就必须进行正确的保养！

Q 哪些衣服可以在家水洗，哪些衣服需要送洗？

A 可以根据衣服上的标签，正确洗涤，保养衣服。

衣服材质不同，保养方法也不同。有些衣服泡水后会收缩，有些衣服怕热，不能用机器烘干。衣服内里的标签标明了这件衣服的保养方法。首先要看懂标签，再按照标签要求去洗涤、晾晒和熨烫衣服。

棉 100%

衣服的洗涤标志

洗涤方法

"洗涤槽"是与水洗相关的标志。

数字表示洗涤时水的最高温度。如果是 60，就表示水温最高是 60℃。

桶下面的直线表示洗涤和脱水时强度要弱。直线越多，洗涤和脱水强度就越弱。

插入一只手是手洗标志，表示不能用洗衣机洗，要用手轻轻地洗。

禁止水洗的标志，表示不能水洗，需要送到洗衣店保养。

漂白

"三角形"是可否使用漂白剂的标志。

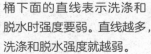

表示可以使用任何漂白剂。

表示仅可以使用含氧或非氯漂白剂。

表示不可以使用漂白剂。

干燥

"正方形"是干燥方法的标志。正方形里面的圆圈和直线表示具体的干燥方法。

表示可以常规翻转干燥。2 个黑点表示烘干机排气温度最高是 80℃。

表示可以在低温（烘干机排气温度是 60℃）设置下翻转干燥。

表示不可以翻转干燥。

悬挂晾干：表示经水洗和脱水后，将衣服竖直悬挂在晾衣架上干燥。

左上角的斜线是在阴凉处干燥的标志，这里表示在阴凉处**悬挂晾干**。

悬挂滴干：表示水洗后，不脱水，直接将衣服竖直悬挂在晾衣架上干燥。

平摊晾干：表示经水洗和脱水后，将衣服铺在平面上干燥。

表示在阴凉处平**摊晾干**。

平摊滴干：表示在水洗后，不脱水，直接将衣服铺在平面上干燥。

衣服可以熨烫吗?

 有些衣服可以熨烫,
有些衣服不能熨烫。

衬衫和裙子熨烫后没有皱褶,平整美观,显得非常整洁。但是,有些衣服就不能熨烫,因为会烫坏面料。衣服材质不同,熨烫时设定的温度也不同,所以在熨烫衣服前一定要看懂标签上熨烫标志的含义。

洗衣服、熨衣服都是爸爸妈妈帮我做,要是我能学会就好了!

理解熨烫标志的含义!

黑点的数量表示熨烫温度的高低。3个黑点表示高温熨烫,熨烫温度最高是200℃。

1个黑点表示低温熨烫,熨烫温度最高是110℃,可以在没有蒸汽的状态下熨烫。

2个黑点表示中温熨烫,熨烫温度最高是150℃。

表示不可以熨烫。

从小地方开始熨烫

将衣服平铺在熨衣板上，依次熨烫袖子、前襟、背部等部位。要从袖口和领口这些小地方开始熨烫，不要着急。如果先熨前襟和后背，后熨袖口和领口，那么皱褶就都堆积到袖口和领口部位，很难熨平整。

必须掌握的熨烫技巧！

技巧1

分清楚干熨和湿熨

熨烫方法有两种：干熨（直接加热熨烫完成）和湿熨（喷蒸汽，边加湿边熨）。

干熨适用于原本就湿的衣服（包含需要干燥的衣服）和合成纤维的衣服，湿熨适用于想要熨出折痕的衣服和质地很薄的衣服。

技巧4

熨烫完毕，等晾干、凉透后再叠起来

衣服熨好后，如果马上叠起来，就容易出现折痕。建议先挂在衣架上面，待衣服晾干、凉透后再叠起来。

技巧3

熨烫时要扯住衣服的缝合处

一手拿熨斗，没拿熨斗的那只手就要扯住衣服的缝合处，边扯边熨，就可以把皱褶熨平。

注意！！

必须在爸爸妈妈陪同下使用熨斗！

熨斗加热后温度很高，一不小心就会被烫伤。为安全起见，不要一个人熨烫衣服，要在爸爸妈妈的陪同下烫衣服。

季节变换时，
必须调整衣服的收纳位置吗？

A 衣服有许多收纳方法。季节变换时，即使不需要调整
衣服的收纳位置，也要仔细整理和清点一下衣服。

　　有些人把一年四季的衣服全部装进衣橱里。这些人在换季时就不必调整衣服的收纳位置。但是，换季时一定要把穿过的衣服洗干净，挑选出你喜欢的和能穿的衣服并收纳起来，不能穿的、不喜欢的衣服就处理掉。所以，每到换季，都要认真整理和清点自己的衣服。

整理2

把穿过的衣服分成要
保留的和要处理掉的两类

　　整理穿过的衣服时，分成要保留的和要处理掉的两类。以后还能继续穿的衣服要保留，已经不能穿但是自己非常喜欢的衣服也可以保留。破损的、起毛球的衣服，就洗干净处理掉！

整理1

从没穿的衣服中挑选出
合适的衣服

　　如果你有一些提前买的衣服或者其他大号没穿的衣服收纳起来了，记得挑选出下一季你想穿的合适的衣服，将它们放进衣橱里。

过季衣服和配饰的收纳方法

 要点1

收纳前一定要洗刷干净

衣服、帽子沾染了污渍，如果直接收纳起来，就容易出现霉斑，也容易被虫蛀。所以，换季时，穿过的衣服、戴过的围巾和帽子一定要洗刷干净，彻底晾干后再收纳起来。如果不能水洗，就送去干洗店干洗。

帽子不能清洗时，就用刷子刷去帽子上的灰尘再收纳起来！

要点2

收纳时要除湿、除尘、防虫蛀

为了防止衣服发霉和被虫蛀，需要在衣橱里面放置除湿剂和防虫剂。为了防止挂放的衣服沾上灰尘，也可以用衣服防尘袋把衣服罩起来。

干洗店的塑料罩衣袋没有防潮和防虫的功效，不能长期使用。长期收纳衣服时要用专用的衣服防尘袋。

建议

过季衣服收纳在不碍事的地方

过季衣服和当季衣服要分开收纳。把当季衣服收纳在拿取方便的地方，过季衣服收纳在不碍事的地方，比如放在抽屉最里面或是橱柜中不容易够到的地方。收纳过季衣服时要充分利用平时闲置的空间，这样才能腾出更多的地方收纳当季衣服。

生活管家的
整理收纳小测验

下面复习"衣服、配饰的整理和收纳"这一部分的内容并进行一次小测验。多少分才算合格? 除了满分,都不合格!

1 已经不穿的衣服中,

还很干净而且能穿的衣服可以 ☐☐☐☐ 。

2 外套和连衣裙要 ☐☐☐ 收纳。

3 毛衣和针织衫要 ☐☐☐ 收纳。

4 把衣服收纳在抽屉里面时,

☐☐☐ 放进去才容易拿取。

但是, ☐☐☐ 要叠起来收纳。

5 表示不能水洗的标志是哪一个？

6 是悬挂晾干的标志， 是

☐ ☐ ☐ ☐ 的标志。

7 以下过季衣服的保养方法中，正确的是哪几个？
请将正确的全部选出来。

A 因为毛衣洗后会伤害衣服材质，
所以毛衣如果没有明显的污渍，就可以直接收纳起来。

B 不能水洗的衣服就交给干洗店干洗。

C 收纳衣服时可以套上防尘罩。

答案

1 回收利用　　**2** 挂起来　　**3** 叠起来　　**4** 竖起来、毛衣类

5 B　　**6** 悬挂滴干　　**7** B 和 C

喜欢的物品的整理和收纳

漫画杂志、布偶、各种漂亮贴纸……这些都是我喜欢的，房间里到处都是。下面，我把它们收集起来，分门别类好好整理一下！

嗯，就该这么做！
只有整理和收纳好自己喜欢的物品，做到心中有数，才不至于一看到喜欢的就买，结果不是买多了就是买重了。东西越来越多，房间当然就乱啦。

第1步 整理

按照物品种类分类

可以这样分类！

你是不是看完漫画书、使用完光碟后，也不收纳起来，就把它们一直放在外面？前面讲过，这是房间乱的一个主要原因。所以，先把房间里乱放的漫画书、杂志、光碟、玩具等物品集中到一起，按照种类分类。没有用的就处理掉，只留下有用的。

书刊
漫画书
小说
杂志

玩偶
想用来装饰房间的
想收纳起来的

存储品
信件·明信片
贴纸
文具

与兴趣相关
绘画用品
游戏机·DVD
乐器

分类整理好自己喜欢的物品，应该把它们收纳到哪里呢？建议全部收纳在书架或者置物架上。如果书架空间有限，那么就分别收纳，把书放在书架上，把玩具放在橱柜里。具体做法可以参考下面的收纳示例。

> 一旦确定下收纳空间，就不要随意改变！

游戏机· DVD

玩游戏机、看 DVD 时，附近最好有收纳游戏机和 DVD 的地方。

如果是玩电视游戏，就把游戏机放在电视机旁边

玩电视游戏时，游戏机需要连接电视机。所以，最好是把游戏机放在电视柜上，这样玩起来非常方便。

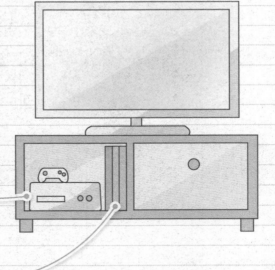

把碟片放入碟片夹

播放 DVD 时要连接电视机，所以碟片最好也要放在电视柜上。把碟片装进碟片夹，集中保管。

把游戏机、碟片等放进收纳箱

如果电视机旁边有收纳的地方，那么就把游戏机和游戏卡、碟片等放进收纳箱。

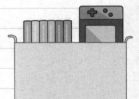

书刊

只要是书，就都胡乱堆放在书架上，这样做可不行！把书收纳在书架上时要注意摆放方法，不仅要整齐美观，还要取放方便。

常读的书要放在大致和视线同高的位置上！

常读的书因为常取常放，就要放在书架上容易看到或容易找到的地方。一般是放在大致和自己视线同高的位置上，伸手就能取到书。

书要按照高度摆放整齐！

漫画书、杂志等，这些书高矮不一，要按照从高到低的顺序，整齐摆放在书架上面。

不要把书放得太满！

书架每一层都要留出一定空间，不要把书放得太满。建议每层放上七成书，留出三成空间，这样更美观，取放更方便。

小尺寸书可以前后摆放！

有些书尺寸很小，为了节省空间，可以前后摆放在书架上。把后排的书垫高，露出书名，这样找起来方便。

容易倒的书要装进文件盒！

杂志较薄，竖放时容易倒。建议把它们按照类别装进不同的文件盒，再放在书架上，这样拿取时就很方便。

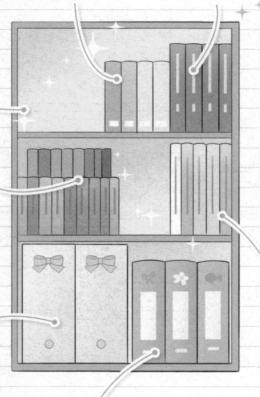

厚重的书放在书架最下层！

字典、词典等工具书又厚又重，建议放在书架最下层，这样才能让整个书架更加稳固。

系列图书要有序摆放！

同一系列的图书要按照序号整齐摆放在书架上。

杂志越来越多，应该怎么收纳？

精简杂志，给它"瘦身"！

为了保持书架的整洁，就要不断提醒自己："收纳杂志的空间就这么大！"如果收纳空间不够用，就精简杂志。但是，谁也不舍得丢弃自己喜欢的杂志。这时，可以把杂志中最喜欢的部分裁剪下来，或者拍照、扫描，做成电子相册保存。这样，杂志就成功"瘦身"啦！

通过梳理杂志中喜欢的内容，很可能发现自己新的喜好！

创意1

只裁剪自己喜欢的内容！

把自己喜欢的页面和图片裁剪下来，贴在笔记本上，仔细保存。可以在笔记本上设计自己喜欢的版面，粘上贴纸，再简单写写自己的心情和感受。这样，全部是自己喜欢的内容的"精选杂志"就制作完成啦！

创意2

拍照、扫描后做成电子相册！

可以用手机、扫描仪把喜欢的内容拍照和扫描下来！再用专用软件编辑一下，做成电子图书，存在电脑里，这样以后看起来会很方便。

顺便说一下，你制作的电子图书仅供你学习参考用，如果随意传播给别人的话，可能会侵犯作者的著作权！一定要注意！

布偶

如果布偶太多，就分成两类：一类用来装饰房间，另一类就收纳起来。装饰房间时，为了让房间更加可爱、漂亮，要挑选出自己最喜欢的布偶，并用心去装饰，找到最合适的摆放位置。

装饰房间时要把布偶放在合适的位置上

用布偶装饰房间，摆放位置很重要。如果随便一放，位置不合适，那么不仅起不到装饰作用，还显得房间更乱。所以，要把毛绒玩具摆放在装饰效果最佳的位置，比如，把"小花猫""小棕熊"放在床上或者闲置的椅子上，看起来会更可爱。

选择合适的收纳器具

如果想把布偶放在一起装饰房间，可以把它们全部放进漂亮的行李箱，打开箱盖，让它们探出头来。这样也很可爱。

动动脑筋，想想怎样收纳布偶才更可爱！

布偶个个都很可爱，收纳时就要把它们的可爱发挥到极致。比如，收纳在橱柜里面时，可以在衣架上挂个小吊床，把它们放在吊床上面，活泼有趣。多想些有意思的收纳方法吧。

布偶的保养方法

方法1　水洗

确认布偶上的洗涤标志，可以水洗的就放进水中清洗，方法如下。

1 将中性洗涤剂倒入温水中，搅匀备用。取下布偶的蝴蝶结等小附件，泡入调好的温水中。

2 轻轻地揉捏布偶，除去上面的污渍。用清水反复冲洗，直至将布偶清洗干净。

3 用干毛巾把布偶包裹起来，放入洗衣机脱水后，放在阴凉处晾干。

方法2　擦洗

有些布偶带有电池，不能用水清洗。这种情况下需要用布擦洗，方法如下。

1 准备好一盆洗涤水和一盆温水。洗涤水配制方法：水2升，配1小匙中性洗涤剂。再准备两条毛巾。

2 将一条毛巾浸泡在洗涤水中，拧干后擦拭布偶；再用温水清洗毛巾，拧干后继续擦拭。反复几次，直至将布偶擦拭干净。

3 用另一条干毛巾吸去布偶的水分，放在阴凉处晾干。

方法3　干洗

洗不干净的布偶，可以用小苏打粉去除上面的污渍。

1 将布偶装进塑料袋，撒上小苏打粉。

2 扎紧塑料袋后轻轻晃动，让小苏打粉均匀吸附在布偶表面上，再放在阳光下晾晒。

3 2小时后，打开塑料袋，用吸尘器吸除布偶上的小苏打粉，布偶就非常干净了。

存储品

平时积攒下来的信件、明信片、贴纸等，零零碎碎，若不认真收纳，就会不知去向。所以，也要做好分类整理和收纳！

 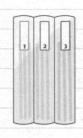 

把信件等装进专用收纳盒，竖起来摆整齐

把信件、明信片等一起装进专用收纳盒，竖着摆放在书架上。这样能集中管理所有信件，拿取还很方便！

把贴纸装进带拉链的透明袋中

把贴纸全部装进带拉链的透明袋中，拉上拉链，封好袋口。因为是透明袋，可以看清楚里面贴纸的图案，挑选时很方便。

确定存储箱

将信件、明信片、贴纸、文具等分类整理和收纳好后，全部放进存储箱统一保管。时间久了，箱子里的物品越来越多，箱子就装不下了。为了避免物品无限制地增多，一是要提前确定好存储箱的大小，二是定期清理箱子里面的物品！

胶带也要收纳到一起

胶带可以插在胶带架上，也可以装进收纳箱。

收到的信件、明信片等要保存到什么时候？

保存多久由你决定

收到信件、明信片以及贺年卡等令人很开心。但是，如果数量太多，保存起来就很麻烦，需要好好考虑怎么保存。保存多久由你决定。你可以根据物品种类决定要保存多久，比如信件保存 3 年，明信片、贺年卡等就保存 2 年。

清理信件、明信片、贺年卡时，要抹去对方的姓名、地址等信息。

收纳创意1

贴在笔记本上或夹在相册里！

把信件等贴在笔记本上，不仅看起来方便，还不容易弄丢。写在小卡片上的信特别适合这种方法。还可以把信件等夹在相册里，一边读一边看照片，增添回忆的乐趣。

收纳创意2

装进专用盒或是夹在文件夹里

如果想原封不动地保留信件等，就使用专用收纳盒，最好是带盖子的多层收纳盒。随着信件等的增多，一个收纳盒装满了，上面再放一个收纳盒继续装，既方便，又美观。另外，也可以把信件等夹在文件夹里。

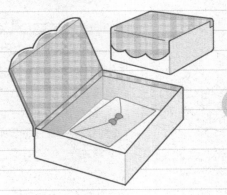

玲玲把自己喜欢的物品都放在了开放式置物架里，效果很不错！下面，让她介绍一下开放式置物架的收纳要点和注意事项。

开放式置物架的收纳示例

置物架顶上保持干净

架子最上层容易积灰，最好不放东西或者少放东西。如果放满了东西，打扫起来就很麻烦。

制作了物品展示架

我挑选出自己喜欢的小饰品和布偶，制作成展示架，起到了很好的装饰作用，看起来很时尚！

放置小绿植和香薰机，既清新，又舒爽

小绿植和香薰机给房间带来生机和香气，令人愉快，还提升了房间的品味！

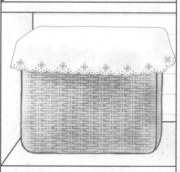

把自己的手工工具装进篮子里，罩上漂亮的花布

手工工具太多了，就把它们全部装进篮子里。没做完的手工作品也可以放进篮子。做手工时，只要把篮子搬出来就可以，非常方便。

空出个地方什么都不放

开放式置物架里，物品不要摆放得太满，不然会给人造成压迫感。要空出个地方什么都不放，显得清爽美观。

把存储的文具、
贴纸、稿纸等放进抽屉

存储的文具、贴纸、稿纸等收纳在抽屉里面。

把最喜欢的布偶
当作书挡板

挑出自己最喜欢的布偶，放在书的一侧，当作挡板。而且这个位置很显眼，布偶给整齐排列的图书带来了动感，显得活泼、有活力。

喜欢的书要放在大致和
视线同高的位置上！

书的位置大致和视线同高，就容易拿取。书和书之间要留有空隙，不要靠得太紧，否则，既不容易塞进去，也不容易取出来，费时、费力。

杂志装进文件盒

杂志竖放容易歪倒，把它们分类装进文件盒，拿取就很方便。平时我都是把文件盒贴标签的一侧朝外。朋友来家做客，根据文件盒上的标签就能找到她想看的杂志，非常方便。

建议

开放式置物架既要便于拿取物品，
又要便于收纳！

用开放式置物架收纳物品，要充分利用文件盒（①）和抽屉（②）等空间，把不想展示的物品彻底收纳起来，你的置物架的功能就能充分发挥出来。

进级课程 ↑↑

学具的

整理收纳术

有的人做起事来总是有条不紊，整洁有序，秘诀就在于他们平时整理有方、收纳有术！

备齐物品，整洁利落！

早上出门上学，不仅要带上书本和文具，还要带上水壶、学习资料或其他学具。如果物品太多，书包里面装不下，就可以将学习资料等装进布袋里。把书包和布袋背在身上，空出两手，走起路来格外潇洒轻松！

平时不用布袋时，就叠好装进书包。

衣服要穿戴整齐，鞋袜要干干净净。

书包上可以挂个小饰物，显得有活力。

收拾好书包!

书包内物品要摆放有序!

每天上学,不仅课本和笔记本要整洁,书包内的物品也要摆放得整齐,井然有序。书本、文具盒、钥匙等要放在固定位置上,不要胡塞乱放,这样如果有什么物品忘放了,马上就能发现。

书包最大格放课本、笔记本、文具盒、备用笔袋。

最大格前面的一格放和学习无关的物品,可以把卫生包放进去。

最外面有拉链的一格用来放家中钥匙、学生卡、乘车卡、记事本等物品,方便拿取。一定要拉好拉链,以防丢失物品。

家长信或通知单、印发的作业题要装进透明文件夹里。准备两个透明文件夹,一个装家长信或通知单,一个装印发的作业题。

检查文具盒和备用笔袋！

文具盒和笔袋如果脏兮兮的，就说明学习状态不是很好！

　　文具盒和笔袋很容易被弄脏，所以每天都要清理干净。为了不弄脏文具盒，一定要把铅笔和钢笔盖上笔帽再放进文具盒，还要打扫干净铅笔盒里的橡皮屑。另外，上学前要削好铅笔。

削好的铅笔摆放时笔尖朝同一个方向。橡皮屑要清除干净！

文具盒

把文具盒里里外外都擦干净，尺子也要擦干净！

备用笔袋

盖上笔帽，避免弄脏笔袋。

如果橡皮套脏了，就换一个！

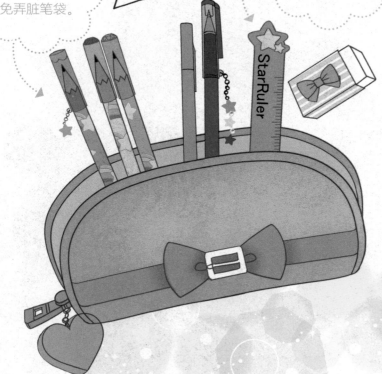

StarRuler

不要把笔袋塞得满满的！

检查卫生包!

梳子和头绳等要
装在有束口的袋
子里，在放进卫
生包里。

女生要多准备
几根头绳。

卫生包里要是乱
糟糟的，就太丢
人啦！

卫生包里主要装什么

卫生包里主要装消毒凝胶、备
用口罩、纸巾和创可贴等。东西还
真不少，要经常检查，保持清洁！

检查文具箱!

为了避免剪刀、削笔刀弄伤手，可以把它们放在小盒子里，再把小盒子放进文具箱。

笔记本要按照尺寸大小，收拾整齐后再放进文具箱，这样才美观。

常用的学习用品要放在文具箱最外面!

为了不让学习用品在文具箱里来回滚动，动动脑筋、想想办法!

你把书桌收拾好了吗？充分利用文具箱，收纳好笔记本等学习用品，整洁有序是第一位的。如果学习用品在文具箱里来回滚动，就给它装上隔板吧。

文具箱
使用小妙招

在文具箱底部铺上衬纸，把笔记本、剪刀、笔等学习用品按照种类整齐有序地摆放在文具箱里。然后取出学习用品，把学习用品的图标画在衬纸的对应位置上。这样学习用品的位置就固定下来，以后只要把它们放在图标上，就很整齐、美观。

制作可爱的隔板★

如果需要使用隔板，可以自己动手制作。把自己喜欢的折纸用胶带粘在隔板上面，漂亮的隔板就制作完成啦！

用彩色胶带
把文具箱装饰一新！

如果是纸制的文具箱，用得久了就会变旧，甚至有破损。这时，可以把文具箱里里外外粘上一层彩色胶带，这样不仅修补了破损的地方，也加固了文具箱，让它焕然一新。

生活管家咨询室

关于整理收纳，生活管家为您解答！

来自：小林
主题：没有衣服穿了……

只留下还能穿的衣服？按照这个标准去整理自己的衣服，结果一件都没留下……

 无论是着装搭配还是整理衣服，都要有想象力。没有想象力，你就挑选不出自己还能穿的衣服。希望你在衣服搭配上动动脑筋，说不定能找到突破口，物尽其用。

来自：小桃
主题：可以在客厅里学习吗？

我喜欢在客厅里学习，因为客厅光线明亮，视野开阔。

 当然可以。在哪里学习是每个人的自由。前面已经讲过，只要利用好书架和移动书柜，在客厅里一样可以学习。
不过，在客厅里学习对你的专注力是一种考验。

 "我没有书架，怎么整理好书呢？"来信中也有这样的问题。

如果没有书架，也可以把书放在一般的家用储物架或橱柜上面。建议使用书立架或文件盒，摆放整齐就可以。

第3课

营造好心情！

房间布置教程

整理和收纳之后，
就要把房间布置得舒适、美观，让自己拥有好心情！
下面就介绍如何布置房间。

停——停!
你们这是在布置房间吧?
我可以帮忙吗?

嗯……
当然可以啦!

(想了想)

下面,我们就来探讨一下房间的布置技巧吧。

房间布置的5个要点

难道不能按照自己的喜好来布置房间吗？

建议按照 5 个基本的布置要点结合个人喜好来布置房间。只有这样，房间才会舒适、美观！

按照规则确定房间的整体风格！

布置房间最重要的就是房间整体风格要协调统一。建议按照布置要点，认真考虑房间的整体风格以及颜色和装饰品。只要颜色、装饰品都符合房间的风格，那么布置出来的房间一定协调、美观！

回顾本书第 18 ～ 19 页的内容，好好考虑考虑你理想的房间是什么样的。

要点1
风格要统一！

布置房间时，一定要选择适合自己风格和生活习惯的家居物品，做到协调统一又不失个性，而且感觉舒适。比如，下图两种风格的房间，里面的家具、用品和装饰品自然风格就不一样。如果把两种风格的物品都放在一个房间里，就显得不伦不类、不协调。

要点2

房间颜色不要超过3种！

房间的颜色会给人留下深刻印象。如果房间里面的颜色太多，就会让人眼花缭乱。想要看起来协调、美观，房间颜色就不要超过 3 种！→**具体内容请看第 112 页。**

要点3

布艺家居要做好配色！

要选择好床罩、靠垫的颜色！墙壁和家具的颜色通常是固定不变的，但是只要改变床罩和靠垫的颜色，就能改变房间的风格。→**具体内容请看第 125 页。**

要点4

制造一个装饰亮点！

与其过多地装饰房间，不如就制造一个装饰亮点，突出一个地方，让人进入房间时，会被这一个点吸引，感觉眼前一亮。 →**具体内容请看第 118 页。**

要点5

用局部照明营造房间气氛！

除了能照亮整个房间的灯光外，如果再增加几处局部照明，整个房间就漂亮多了。闪烁的光芒增加了房间的视觉吸引力，非常时尚！→**具体内容请看第 126 页。**

使用哪种颜色?

确定房间的色调

我喜欢紫色、粉色、白色、淡蓝色。啊，我还喜欢大红色！

如果将这些颜色全都用在房间里，可就麻烦了……

掌握色彩运用

通常情况下，房间里面反差大的颜色不要超过 3 种，而且颜色搭配非常重要。为了达到色彩平衡，1 种基础色占 70%，1 种主色占 25%，1 种点缀色占 5%。

房间的
色彩平衡

点缀色
5%

主色
25%

基础色
70%

即使选择相同的颜色，如果分配比例不一样，房间给人的印象很可能就有天壤之别！

下面，举例说明如何达到色彩平衡。

基础色　基础色占全部房间色彩的 70%，主要用在墙壁、地板、天花板上。

点缀色

配色是为了让房间看起来颜色错落有致，能加强层次感，常用在靠垫等小物件上。

主色

主色是整个房间色彩的主角，多用在家具、窗帘、床罩等大物件上。

确定主色和点缀色

　　通常情况下，地板和墙壁使用的基础色一旦确定下来，就不要随意改变。但是，房间的主色和点缀色是比较容易改变的。下面就按照你理想中房间的样子，结合各种颜色的寓意，试着确定房间的主色和点缀色。

主色和点缀色一定要和家具的颜色相配！

颜色的寓意

不同颜色有不同的寓意，给人的感觉也不一样。下面就来了解一下！

活泼开朗、精力充沛，提升行动力。

温馨柔和、善良可爱，增添朋友缘。

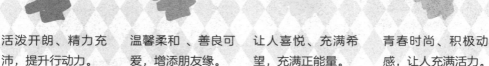

让人喜悦、充满希望，充满正能量。

青春时尚、积极动感，让人充满活力。

让人冷静沉稳、安定平和。

纯洁清爽，自信满满。

让人平静、舒适，身心放松，有助健康。

优雅、高贵、权威，有成熟感。

干净、纯洁、神圣，让人轻松、愉悦。

深沉、炫酷、内敛，有高级时尚感。

沉稳、安定，让人心情平静。

房间的不同风格　　**推荐使用的颜色**

下面就来介绍与房间类型相配的颜色。

现代简约型
→第 2 页
以白色或浅灰色为主色，淡蓝色或黄色为点缀色。

可爱少女型
→第 4 页
以粉色和白色为基础色和主色，点缀色选用柔和清淡的颜色。

清新自然型
→第 6 页
白色、浅褐色、褐色和绿色最合适。

时尚休闲型
→第 8 页
选用沉稳的黑色和浅褐色作为主色；点缀色使用缤纷艳丽的颜色！

成熟沉稳型
→第 10 页
以单一的黑色或白色为基础色，主色和点缀色选用淡紫色和粉色。

考虑色彩搭配

颜色除了最基础的红、黄、蓝这三原色外，还有很多其他颜色。比如，红色中有亮红色和暗红色，也有浅红色和深红色。成百上千种颜色，要搭配得相得益彰，让人眼前一亮还是有一定难度的。但是，色彩搭配也有模式！

使用以下 4 种色彩搭配模式，不会出错哦！

色彩搭配
模式 1

同色系搭配

渐变色带来层次感！

这种搭配有明暗层次，整体看起来协调、饱满，一点都不单调、乏味，简单实用，效果好！比如浅褐色和深褐色搭配，同为褐色，但是深浅不同，显得很有质感，给人留下高雅的印象。

深色

浅色

很稳重，感觉很不错！

还可以这样搭配

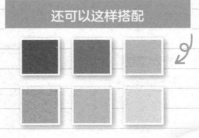

色彩搭配
模式2

同色调搭配

使用多种颜色时，
色调要一致！

　　色调是指颜色的明亮度和鲜艳度，同色调搭配是将相同色调的不同色系的颜色搭配在一起。比如使用红、蓝、黄等完全不同色系的颜色时，只要色调相同，色彩就显得协调，不会有违和感！

还可以这样搭配

还可以这样搭配

色彩搭配
模式3

类似色搭配

用类似的颜色，画面和谐统一！

　　类似色对比柔和，让画面和谐统一，比如红－橙红－橙、黄－黄绿－绿，这种搭配给人平静、柔和、雅致、稳重的视觉美感！但是如果搭配不当，就会显得单调、呆板。弥补办法就是把深色作为点缀色。

色彩搭配
模式4

互补色搭配

冲击力很强！
很有高级时尚感

　　把色相环上相对的两个颜色搭配在一起，色彩有明显差异，形成鲜明对比，能产生对比调和感，比如红色和绿色、橙色和蓝色、黄色和紫色。这种搭配一定要分清主次，其中一种颜色要用作点缀色。

配色

还可以这样搭配

> 精心装饰，就会更可爱！

装饰房间，住得舒适

你想装饰房间的哪个地方，取决于你想要展示什么！

确定了房间的颜色，接下来就要装饰房间。装饰房间的方法很多，比如装饰一下墙壁，更换房间的灯具，等等。但是，如果这些方法乱用一气，房间就会显得很乱。下面就重点讲解如何装饰房间和提升舒适度。

> 稍微花点心思，房间就会装饰得非常可爱！

房 间 装 饰 1

对墙面进行装饰

房间里面积最大的就是墙壁。认真装饰墙面，不仅能改善视觉效果，还能改变房间给人的整体印象。装饰墙面是个大工程，还是和爸爸妈妈商量好再做吧。

要点

1. 单独装饰一面墙。
2. 要符合房间的风格。

墙纸

不用取下旧墙纸，只要把新墙纸粘在旧墙纸上面，就能改变房间的风格，非常简单！墙纸种类繁多、大小不一，有贴满整面墙的墙纸，也有巴掌大的墙纸。

墙面装饰 2

纸胶带

先在墙壁上画出自己喜欢的图案，比如花草和树木，再把相关花色的纸胶带裁剪成合适尺寸，粘贴在花草树木轮廓上面，让人感觉就像来到了丛林中，很漂亮。如果纸胶带比较宽，一道道地贴满整面墙，效果也很好！

拉花

拉花是装饰墙面的经典款。除了常用的三角形拉花，还有心形拉花、流苏拉花，造型都很可爱。如果不想太过艳丽，就选择淡雅的颜色。

把自己的画夹在上面，展示一下！

心形拉花，非常可爱！

你可以自己制作拉花！制作方法请看本书第 131 页。

流苏拉花，独特、时尚。

墙面装饰 4

相框

比起在墙上挂一个大相框，把一组形状不同、大小不一的小相框挂在墙上，视觉效果更好！

贴上自己的照片或者绘画作品，增添信心和成就感！

花草树木、田园风光……让人仿佛置身于大自然中！

把大小相同、图案不同的相框整齐地排列在一起，引人入胜。

房 间 装 饰 2

使用悬挂装饰品

悬挂装饰就是把装饰品"悬挂"在房间里。比如，在窗边挂上风铃或者绿色植物，清脆的铃声和舒展的枝叶立刻让房间灵动起来，让人心情舒畅，装饰效果非常好。装饰品一定要挂在不碍事的地方。

要点

1. 注意重量。
2. 挂在窗户附近等有微风吹拂的地方，能享受叮咚摇摆的乐趣。

把饰品悬挂在天花板上或窗边，这种装饰方法很流行。你也可以动手制作一个挂饰，挂在房间里，一定很好看！

悬挂装饰 1

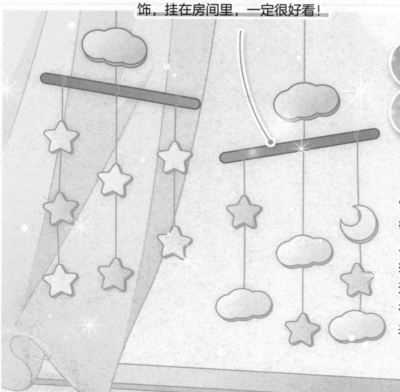

风铃

风铃是家中常见的装饰物。窗前挂上一串风铃，微风拂过，铃声清脆，令人平静，感觉清爽。春天挂上小鱼造型的风铃，秋天挂上枫叶造型的风铃，在家就能感受季节变化带来的轻松和惬意。

绿植

绿萝或吊兰等绿色植物，不必太多，只要挂上一小盆，就能让房间明亮、清新，充满生机和活力。推荐用"S"形挂钩把绿植挂在窗帘轨道上，这样就不必在墙壁和天花板上凿出洞洞啦！

绿植尽量轻些，让窗帘轨道和挂钩能承受住绿植的重量。要挂结实哦！

绿色植物的选择

要把植物放在合适的地方。虽说植物的生长离不开阳光，但是植物都有自己的习性，有的喜阳，需要放在阳光充足的地方；有的喜阴，就要放在阴凉的地方。

● 在阳光充足的地方放置

→三角梅、太阳花、铜钱草、一串红等。

● 在阴凉的地方放置

→吊兰、龟背竹、万年青、虎皮兰等。

绿萝和常春藤是在家里很容易养殖的植物，没有养殖经验的可以试试！

布置床上用品

房间里，床占了很大一块地方。如果床上乱糟糟的，别的地方收拾得再干净，整个房间还是显得很乱。所以，要养成整理床铺的习惯。精心布置床上用品，会锦上添花，让居住环境更加舒适！

只要把床整理得整洁、可爱，房间就能给人留下好印象。

\\ 首先从这里开始！ //

早上起床后整理床铺！

1

早上起床后，要掀开被子，去除被窝里的湿气。

2

出门前要整理好床铺：重新铺好被子，拍打拍打枕头和靠垫，让它们恢复原状。

帷幔

用帷幔把床罩起来，躺在床上的你就像小公主一样可爱！是不是有点过头了呢？如果觉得太孩子气，就把粉色或淡蓝色帷幔换成浅灰色，看起来成熟多啦！

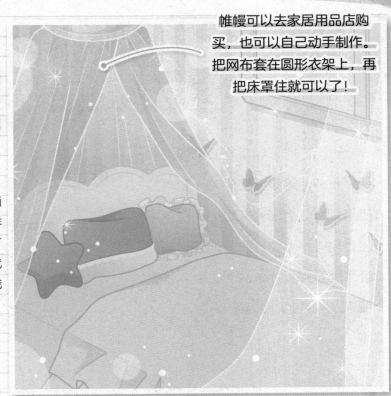

帷幔可以去家居用品店购买，也可以自己动手制作。把网布套在圆形衣架上，再把床罩住就可以了！

为了搭配粉色床罩，靠垫的颜色就用淡蓝色和黄色！

good night

在床罩上面再铺张小绒毯，就更舒服啦！

床罩、枕头和靠垫

铺上自己喜欢的床罩，摆好枕头，再摆上几个靠垫，看上去温暖、舒适！

运用灯光照明

照明灯的首要功能是把房间照亮。此外，如果在房间的个别地方使用灯饰，增加局部灯光，整个房间会显得更温馨！朦胧的灯光能舒缓房间氛围，让人放松。所以，要在灯光照明上动动脑筋。

要点

1. 看书学习时光线要明亮。
2. 放松的时候光线要柔和。

儿童房间灯光照明注意事项

避免出现局部过亮或者过暗！

如果房间里面有的地方过于明亮，有的地方过于昏暗，瞳孔就要反复地放大和缩小，去适应光线的强弱变化，这样很容易造成眼睛疲劳和视力下降。学习、读书、做手工时，整个房间的光线一定要明亮。

长时间处在明亮的灯光下，眼睛会受到伤害，要按时休息，让眼睛得到充分的放松。睡前要把灯光调暗，让光线柔和些，有利于入睡。

灯串

把灯泡像珠子一样串起来，挂在房间里面，起到装饰、美化和点缀的作用。用灯串装饰房间，温馨柔和，令人愉悦放松！

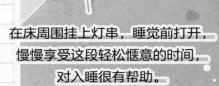

在床周围挂上灯串，睡觉前打开，慢慢享受这段轻松惬意的时间，对入睡很有帮助。但是不能一直开着，睡觉时要关闭。

电烛灯

电烛灯会发出蜡烛一样的亮光。如果放在烛台上，烛光摇曳，就会让人身心放松。

动手制作可爱的装饰品

在房间装饰上，你可以让房间大变样，也可以只做少许改变。比如，添加一些可爱的装饰品就会给人留下深刻的印象。

这些装饰品我能自己做吗？

可以啊，制作的时候，千万小心，别受伤哦。

制作房间装饰品的心得

1 管理好工具！

用完剪刀和美工刀，要马上放回原处。
一直放在外面，稍不小心，就会划伤自己

2 在材料准备和制作上下功夫！

要制作的装饰品说起来都很简单，
你可以自己琢磨怎么去做。

3 做完了要收拾干净！

工具要放回原处，剩余的材料要收拾好，产生的垃圾要马上扔掉。
不要因为制作可爱的装饰品就把房间搞得乱七八糟。

手工制作1

布偶环

哇！布偶环是用家里的布娃娃做的，真可爱，我太喜欢啦！

材料

●树枝环

可以在日用品商店或网店购买到

●小布偶

可以选自己非常喜欢的布偶

用具

● 黏合剂

● 针线盒

制作方法

1 如何把小布偶装在树枝环上呢？先试着简单设计一下吧。

这样做更可爱！

把布偶的颜色按照类似色排序，依次摆放在树枝环上！

2 用黏合剂把布偶粘在树枝环上，再用针线缝结实，布偶环就做好啦。

字母文件盒

材料

● **木制字母**

● **文件盒**
可以在日用品商店或
网店购买到

用具

● **黏合剂、双面胶**
● **丙烯颜料**

制作方法

1 用丙烯颜料给木制字母涂上颜色！

> **这样做更可爱！**
>
> 用颜料在字母上面画上花纹，比如圆点和条纹就非常可爱。

2 颜料晾干后，用黏合剂或者双面胶将木制字母粘在文件盒上。

除了字母文件盒，还可以制作数字文件盒，都很棒！

布拉花

哪种拉花挂在房
间合适呢?

材料

● 布
可以用旧的、不穿的衣服

● 绳

用具

● 剪刀
● 黏合剂

制作方法

1 挑选图案和颜色都很
漂亮的布料,裁剪成
彩旗形状。如图,把
布料对折后,从对折
处开始,沿虚线裁剪
布料。

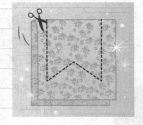

2 在布料背面涂上黏合
剂,把绳放在中线位
置,再把布料对折贴
合即可。

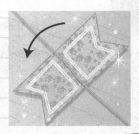

手工制作 4

给妈妈做个首饰架

给辛苦照顾我的妈妈
做个漂亮的首饰架，
她一定会很开心。

材料

● **相框**
可以在日用品商店或
网店购买到

● **挂钩**
选择背面有双面胶的
挂钩

● **毛毡**

用具

● **黏合剂**

制作方法

1 上图右侧是制作完成的项链架。
具体方法：在相框底板上涂上黏合剂，粘上毛
毡，再把挂钩粘在毛毡上面，项链架就制作完
成了！

2 上图左侧是制作完成的戒指和耳环架。
把毛毡裁剪成若干块，长度要和相框相同。如
图，把每块毛
毡卷起来，再
粘在相框底板
上，戒指和耳
环架就制作完
成了！

美化收纳盒

制作方法

材料

- **普通透明收纳盒**
  可以在日用品商店或
  网店购买到

- **喜欢的花纹纸**
  折纸也可以

用具

- **剪刀**
- **双面胶**

1 按照收纳盒抽屉底部尺寸裁剪花纹纸。

2 用双面胶把裁剪好的花纹纸粘在抽屉底部。
每个抽屉可以使用不同图案的花纹纸，非
常漂亮！

在抽屉上面安
装把手，也很
可爱哦！

这种情况下

应该怎么办？

 Q 房间狭小，
怎样布置显得宽敞？

 A 重新考虑家具的
摆放和房间里面的颜色

　　空荡荡的房间会显得宽敞。一旦房间里摆放了家具，占用了空间，房间就显得拥挤和狭小。为了让房间看起来宽敞，就要在家具摆放上花些心思。另外，浅色的地板能让房间显得宽敞，所以地板和地毯的颜色不要太深。

家具不要太高，稍微矮点，房间就显得宽敞。购买家具时，要考虑好它的收纳程度，装不下多少东西可不行。

家具摆放示例

以前

可用空间比较分散，利用率低，造成空间浪费……

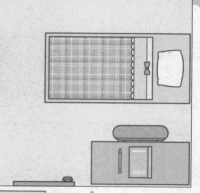

家具不要挡住窗户。

现在

可用空间很集中，利用率高，显得宽敞。

确保一面墙不放家具，这样视野开阔。

家具尽量靠墙摆放。

房间用色示例

以前

深色的地毯有收拢效果，显得房间小……

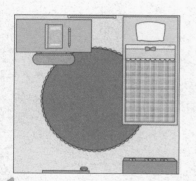

现在

地毯颜色明快，房间显得宽敞！

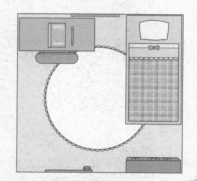

Q 兄弟或姐妹住在一个房间里，
怎样才能拥有自己的空间？

A 在隔断上花点心思
就能拥有自己的空间！

兄弟或姐妹住在一个房间里，想要有自己的空间，就做隔断，最好是用家具隔出自己的空间。如果是双层床，因为床体较高，只要放在屋子中间，就能起到隔挡作用。还有其他办法能隔出自己的空间，试着寻找最合适的办法吧！

以前

把两个人的书桌和书架并排摆放……

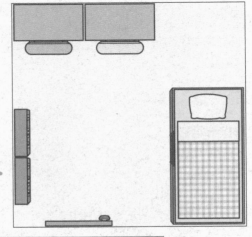

现在

将双层床放在屋子中间做隔断，两人的书桌和书架分别放在床的两侧。

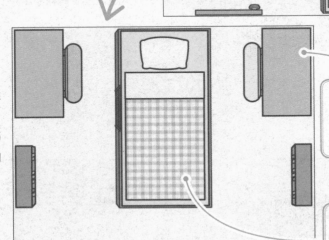

书桌都面向墙壁，互不影响，还能提高私密性。

双层床较高，可以当隔断使用。

还有两个人的共用空间，真不错。

除了床，还可以这样隔出自己的空间……

用隔板隔开

使用隔板能够节省空间。在没有必要完全隔开的情况下，可以使用透明隔板，不仅透光，房间还显得宽敞。

用橱柜隔开

为什么推荐使用橱柜做隔断呢？因为它不仅能分隔房间，还能收纳物品。现在有一种移动橱柜能当隔板用，还像墙壁一样结实，需要的话就和爸爸妈妈商量一下吧。

用书桌隔开

如果书桌前面有隔板，就可以把两张书桌相对摆放，让两个隔板紧紧贴在一起。这样，学习时互不影响，很实用！

Q 我的房间是日式房间，该怎样布置好呢？

A 布置成"宜家风格"，简约不简单！

抓住关键环节，日式房间也能布置得很舒适，你根本没必要担心！这里，建议配合房间里的木制拉门，把房间布置成贴近自然的"宜家风格"。比起各种各样的颜色，简单的布局和自然的设计，就能让房间风格变得简约不简单！

以前 觉得日式房间根本不可能变得时尚、可爱……

布置要点1

装饰好榻榻米和拉门，就会改变房间整体风格！

榻榻米和拉门是日式房间的主要特征。在榻榻米上面铺上地毯，在拉门上面蒙上漂亮的花布，就能减少日式房间土里土气的感觉。

布置要点2

木质家具和绿植是绝配！

日式房间的拉门一般都是木质的，所以房间里面的家具也应该是木质的。简单放几件木质家具，再摆放几盆绿植，贴近自然、清新简约的房间就布置完成了。

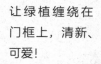

现在 摆放装饰品和绿植，
房间变得非常时尚！

让绿植缠绕在
门框上，清新、
可爱！

装饰墙壁，挂上吊饰，
能提高视线，就不会在
意脚下的榻榻米了！

地毯、床上用品和地
板、家具的色彩要和
谐搭配！

在榻榻米上面铺
地毯。

建议

日式风格也能变得时尚！

低矮的桌子配上低矮的沙发，坐在榻榻米上，
回归自然，朴实无华。

朋友来了，如何布置房间
能得到大家的赞美？

 房间整洁、舒适，
感觉温馨，很重要！

房间要整洁、舒适，让人感觉温馨，这样的房间一定会得到大家的赞美！如果房间里面乱七八糟，东西到处乱放，朋友们看到会皱眉头的。

要点1

空气清新有香味！

气味对房间影响很大。可以摆上室内香芬剂，其散发的淡淡清香会给人留下好印象。

要点2

摆放和朋友、家人的合照！

建议在房间里摆放和朋友、家人的合照。这样，朋友来玩时，看到照片，禁不住回忆往事，不仅开心，也为你珍惜友情而高兴。

**朋友到来之前的5分钟，
检查整理房间！**

☐ 房间里有没有灰尘？

☐ 垃圾桶里的垃圾扔了吗？

☐ 桌面整洁吗？

☐ 床收拾好了吗？

☐ 房间里空气清新吗？

☐ 卫生间干净吗？

在这样的房间里，我们一定会度过一段快乐的时光！

要点3

摆上小桌子，
用水果点心招待朋友！

招待朋友吃水果或者点心的时候，有张小桌子还是很方便的。没有小桌子，小方凳也可以哦。

要点4

朋友坐的地方
要有松软的靠垫！

招待朋友时，一定要安排好朋友坐的位置。如果坐在椅子上，就放置松软的靠垫；如果坐在床上，就铺上坐垫，以免弄脏床铺。

生活管家咨询室

关于整理收纳，生活管家为您解答！

来自：小琳
主题：这样是不是太花哨了？

不是说"房间的颜色不要超过3种"吗？我想用衣服装饰房间，可是我的衣服五颜六色，可不止3种颜色。

 看你优先考虑什么啦。如果优先考虑衣服拿取方便的话，就不要局限于房间的色彩搭配规则，五颜六色的衣服当然可以挂在外面。如果优先考虑房间整洁、清爽，那就把衣服收进橱柜里面。

来自：小芳
主题：问题出在哪里呢？

我在房间里装饰了拉花，但是看起来一点儿都不美观。
究竟哪里出了问题呢？

 问题很可能出在色彩搭配上。参考本书第116页的介绍，考虑一下拉花和房间的色彩搭配，再试试看！

 是不是房间变得整洁舒适，就会受到大家的赞美？

 其实受不受大家赞美并不重要，重要的是，房间变得整洁舒适，会让你的精神面貌焕然一新！

第 **4** 课

拒绝凌乱！

保持房间
整洁、舒适

好不容易把房间收拾干净了，没过几天，又乱套了……
太让人伤心了！
养成打扫房间的好习惯，成为优秀的孩子！

啊，房间太整洁啦！
谢谢玲玲的招待！

下次来我家玩好吗？
可以在我家过夜！

在阿真家过夜？
太棒啦！！

看来玲玲小姐懂事了，
会收拾房间了……

144

哎呀，
等会儿……

她还没有养成
保持房间整洁的习惯呢！

要是去朋友家过夜，
肯定会出丑的！

在去朋友家过夜之前，
要对她进行特别训练，
让她养成保持整洁的
好习惯！

怎样防止房间凌乱？

保持房间整洁、舒适的原则

朋友夸奖我的房间整洁！
房间整洁、美观，心情就会舒畅，
做事也会更加努力，真是太棒了！

是啊。
好不容易把房间收拾干净了，一定要继续努力，保持房间整洁！

坚持原则，养成习惯，才能保持房间整洁、舒适

不管你把房间收拾得多么整洁，只要你恢复以前的生活习惯，房间还是会变乱的。为了保持房间整洁，你需要检查和反思自己原来的行为和习惯，并坚持以下 3 个原则。这样，你就能保持房间整洁、舒适！

从下一页开始，我将详细介绍保持房间整洁、舒适的 3 个原则。

保持房间整洁、美观的 3 个原则

原则 **1** 东西用完后，要放回原处。

原则 **2** 确定每天收拾房间的时间。

原则 **3** 东西增多后，定期进行清理。

原则 1 · 东西用完后，要放回原处

还记得房间为什么乱吗？原因就是东西太多和东西乱放（详细内容请看第20~21页）。经过整理和收纳，房间里面东西变少了，这就解决了东西太多的问题。接下来，要改掉东西乱放的坏习惯，养成"东西用完后，要放回原处"的好习惯。为了养成这个习惯，要想办法让整理和收纳变简单。

> 只要把东西放回原处，房间就整洁多了！

想办法让整理和收纳变简单！

╲办法1╱

学习和做手工的地方要固定！

在家里学习和做手工时，地方要固定。这样，学习用品和手工工具就不会放得到处都是。久而久之，"那东西放在哪里了？"这样的事情会越来越少，就养成了整理和收纳的习惯。

╲办法2╱

让自己更容易坚持下去！

比如，做手工的地方要有打扫工具。这样，做完手工后，就能马上清理"战场"，整理起来就很轻松，也容易坚持下去。为了让整理变简单，可以多尝试一些办法，总能找到适合自己的办法。

╲办法3╱

垃圾桶要方便实用！

保持房间干净，少不了垃圾桶。垃圾桶一定要方便实用。垃圾桶太小就装不了多少垃圾，有盖子的垃圾桶投放垃圾时并不方便，所以，还是换个敞口的大垃圾桶。方便实用是第一位的。

确定每天收拾房间的时间

晚上一定要抽出时间把房间收拾整洁 。这样第 2 天起床后，一看到房间干干净净，就能心情愉快地开启新的一天了。

你必须确定一个合适的时间去收拾房间，可以在晚饭前，也可以在睡觉前，或者是其他的时间。

早上起床后收拾房间……

放学回到家，身心放松！

晚上睡觉前收拾房间……

早上起床后，心情舒畅！

原则 3 东西增多后，定期进行清理

日子一天天过去，你的个人物品肯定会越来越多。而且，随着年龄的增长，你对房间的利用和物品的收纳也会发生变化。所以，你必须定期对自己的物品进行清理，好好收拾一下房间！不要总想着"以后再说吧"，必须确定清理时间。

> 增添新物品时，借机清理一下个人物品，这时候最有成效！

整理和收纳的最佳时间是……

学期结束的时候

这是你整理学习用品的最佳时机。随着新学期的到来，你会有新的课本和学习用品，如果不把上学期用过的书本、学习用品整理好，到时候新的旧的混在一起，房间又变得乱七八糟。所以，这个时候，你要认真整理自己的书桌和学习用品，以崭新的面貌迎接新学期的到来。

换季的时候

这是你整理衣服鞋帽的最佳时机。把能穿的、不能穿的衣服整理一下，你就知道自己缺不缺衣服，需不需要再买新衣服。这样，也就不会乱买衣服。

重大节日前夕

每到生日、新年这些重大节日的时候，你会收到礼物，也会购买一些东西。这时，你要提前安排好收纳这些物品的地方，否则，房间又乱套了！

收拾、打扫两不误，房间越来越干净

养成打扫房间的习惯

说到打扫房间，
一直以来都是爷爷替我打扫……

再漂亮、可爱的房间，如果落上灰尘，也就不可爱了吧。
要想打造舒适的房间，打扫房间是必须要做的。

养成打扫房间的习惯，能提升个人能力！

打扫房间的好处可多啦！房间打扫干净了，心情就会舒畅。而且，打扫房间时，你需要注意细微之处，才能把身边的东西收拾得整洁有序。这有助于提升你的专注力。可以说，打扫房间是小学生必须具备的能力！

打扫房间很辛苦，
不是件容易的事情。
可以分成以下 3 个
阶段进行。

打扫房间分为
3 个阶段

1 每天"随手打扫"，毫不费力。

2 每周 1 次"仔细打扫"，保持整洁。

3 半年 1 次"大扫除"，变得轻松。

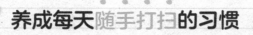

养成每天随手打扫的习惯

要做的就是这些!
- □ 收拾东西时顺便擦拭一下。
- □ 看到地板上有脏东西,马上清理掉

随手擦拭

收拾学习用品时
顺便擦擦书桌和书架

收拾书桌上的学习用品时,就顺便擦擦书桌;把书放到书架上,再顺便擦去书架上的灰尘。只要养成习惯,房间里面就不会有太多灰尘。

有了这些更方便!

用小刷子把橡皮屑清扫干净。

擦拭时可以用湿巾替代抹布!把湿巾放在触手可及的地方。

随手打扫

发现地上有脏东西,马上打扫干净

不经意间看到地板上有脏东西,就马上清理掉。时间久了,就成了习惯。

有了这些更方便!

地板很光滑,可以用静电除尘地板擦打扫,把地板擦放在用起来方便的地方。

如果床上或地毯上有脏东西,就用粘毛器滚一滚,把脏东西粘干净。

★2 养成每周 1 次仔细打扫的习惯

要做的就是这些！

☐ 清除灰尘
☐ 用吸尘器打扫
☐ 擦拭细微之处

先清除灰尘

从上到下、从高到低清除灰尘

所谓"仔细打扫"，就是把房间里的所有家具都打扫干净。灰尘通常会往下落，所以，清除灰尘时，要从高处开始打扫。打扫时，要开窗换气。

有了这些更方便！

毛刷可以用来清除缝隙间的灰尘。

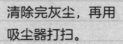

清除完灰尘，再用吸尘器打扫。

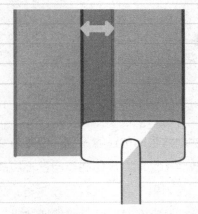

吸尘器的使用方法

不要太用力，要慢慢清理

使用吸尘器打扫房间，要从房间里面往外打扫。使用吸尘器时力度要适中，不要用力过猛，只要感觉吸尘器的吸嘴能吸起地板上的脏东西就可以。来回移动刷头，就可以把房间打扫干净。

T 形刷头的中部吸力最强，在清洁区域来回移动刷头时，让重叠部位占到刷头的 1/3（参见图示），这样清理得最干净。

还要用吸尘器打扫干净这些地方！

床下面和书桌下面

把椅子挪开，用吸尘器把书桌下面的脏东西吸除干净。再用吸尘器吸除床下面的灰尘。够不到的地方就用地板擦打扫干净。

座位缝隙

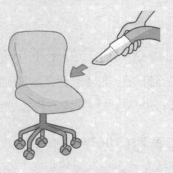

沙发、椅子的靠背和底座之间的缝隙很容易堆积脏东西。把 T 形刷头换成细吸嘴，更容易清除缝隙间的脏东西。

房间角落

房间角落很容易积灰。用细吸嘴除灰效果很好，可以打扫得非常干净。

再仔细擦拭

最后检查细节

有些地方平时你注意不到，但是容易堆积灰尘和污垢。比如高过自己视线的地方，因为看不到，就容易被忽略。每周1次打扫房间时，仔仔细细把这些地方擦拭干净。

有哪些地方容易落上灰尘而又容易被忽略呢？

把细微之处打扫干净！

最后一步是擦拭

□ 看看电灯开关干不干净

电灯开关按键经常会有发黑的痕迹，开关盒突出的部分也容易堆积灰尘，把这些地方擦干净。

□ 看看门把手干不干净

门把手是经常触摸的地方，所以也要检查一下，脏了就擦干净。

□ 看看窗户和窗台有没有尘土

即使窗户没开，尘土也会从外面飘进屋里，落在窗台上。所以，每周要擦1次窗户和窗台。

□ 看看墙壁踢脚线上有没有灰尘

踢脚线能使墙体和地板之间结合得更美观，但是这里容易积灰，所以要擦干净。

这里！

这里！

3 养成半年 1 次大扫除的习惯

房间里有些地方太高，不容易够到，像窗户上缘、天花板四角，打扫起来很不方便。对于这些地方，就利用半年 1 次的大扫除来打扫干净。只要养成每天"随手打扫"和每周 1 次"仔细打扫"的习惯，半年 1 次的大扫除就会非常轻松！

需要大扫除的地方

窗帘
窗帘轨道

把窗帘洗干净，清除窗帘轨道的灰尘，并把窗帘轨道擦拭干净。

窗户

把窗户里里外外外擦拭干净。擦窗户的方法很多，可以喷上清洁剂，也可以用湿抹布擦拭，最后一定要把玻璃上面的水分擦干净。

※ 窗户在 2 楼以上时，一个人擦拭很危险，要在爸爸妈妈的帮助下擦拭。

墙壁

墙壁看起来挺干净，其实一点也不干净。把除尘布罩在长柄刷上，从上往下擦拭墙壁。把墙壁擦干净，房间就显得明亮多了。

保持共用房间干净、整洁

我家的共用房间都是妈妈打扫……

怎么能这样呢？一家人住在一个房子里，应该一起动手打扫房间，这是理所当然的。

是啊！说得很对。
其实我也是这么想的。

确保所有地方都很整洁！

保持房间整洁，不光是自己的房间，家中所有地方都要整洁才行。严格来讲，房间应该时时刻刻保持整洁，而不是打扫过后才表现出来的整洁。当然啦，定期打扫能让房间马上变整洁，也很不错哦。自己用过的东西必须自己收拾干净。这样，房间的每个地方才会整洁，一家人和睦相处，愉快生活。

养成习惯，检查物品使用过后是否残留污渍，及时清洁。从下一页开始，我将向大家介绍如何保持客厅、厨房、餐厅等全家共用房间的整洁与卫生，供大家参考。

客厅

客厅是一家人相聚的地方。大家经常会把自己的物品带进客厅，很容易把客厅搞乱。所以，离开客厅时，一定把自己的物品带回个人房间。

☐ 把遥控器摆放好

遥控器放在哪里由爸爸妈妈决定，使用过后要放回原处。

☐ 把自己的物品摆放好

物品使用过后要放回原处。如果你经常使用客厅，就在客厅里设置一个收纳个人物品的专区，把自己的物品摆放整齐。

☐ 把产生的垃圾清理干净

把留在桌子上的垃圾清理干净！自己制造的垃圾就要自觉清理掉！

☐ 把沙发靠垫摆放整齐

整理好沙发靠垫并摆放整齐。这样，有客人突然来访时，你就不会因为沙发凌乱感到不好意思啦！

厨房和餐厅

食品和餐具取用完后，要放回原处，爸爸妈妈看到一定很高兴。

☐ **把食物和饮料放回冰箱**

从冰箱里取用食物和饮料，如果还有剩余，就放回冰箱。

☐ **把餐具放回原处**

清洗完餐具，擦拭干净后，放回原处。

☐ **把用过的餐具洗干净**

餐具使用过后要马上清洗干净。因为放久了，污渍就不容易清除干净。

☐ **把餐桌收拾干净**

饭后要把餐桌上的食物残渣清理掉，还要擦干净桌子。

☐ **备好水壶**

自己把在学校用的水壶洗干净，第2天上学前就可以直接装上水，节省时间。

[浴室]

要把浴室整理干净。这样，你去朋友家做客留宿时，就不会因为没有整理的意识而把朋友家的浴室搞乱啦！

□ 浴缸盖不要乱放

沐浴完后浴缸盖回归原处。

□ 关紧水龙头

洗完澡后，把水龙头关紧，不要让水滴滴答答流淌！

□ 把墙壁和地面冲洗干净

洗完澡后，墙壁和地面会留有沐浴液的泡沫，一定要冲洗干净。

□ 浴缸里不要有头发

考虑到家人还要使用，把浴缸打扫干净！

□ 把水盆、椅子摆放整齐

把水盆、椅子摆放整齐。水盆要倒放，避免积水。不要给人留下不知道收拾的坏印象。

□ 把沐浴液放回原处

把沐浴液等瓶子上的泡沫冲洗干净，再将瓶子放回原处。

如果水龙头开得过大，水珠就会溅到洗手池外面，所以使用水龙头时要调整好水的流量！

□ **把镜子擦干净**

刷牙、洗脸时，会有水珠溅到镜子上。要检查一下镜子，把水珠擦干净！

□ **东西用完后放回原处**

把牙刷、漱口杯、洗面乳放在固定位置上，用完后放回原处。

□ **关紧水龙头**

把水龙头关紧，不要让水滴滴答答流淌！

□ **最后要收拾干净地上的头发**

把掉在地上的头发扔进垃圾桶。用吹风机吹头发或是梳头发时尤其要注意哦！

□ **把盥洗台打扫干净**

洗漱完毕后，把洗手池冲洗干净，把台面上的水擦拭干净，将掉落的头发扔进垃圾桶。

□ **整理好毛巾**

用完毛巾，随手一搁可不行！要铺展开，搭放整齐。

卫生间

卫生间一家人使用，一定要保持整洁卫生！

☐ **把盥洗台上的水擦干净**

卫生间的洗手池通常较小，洗手时水珠容易溅到台面上。所以，洗完手，一定要把台面上的水擦拭干净。

☐ **把地面打扫干净**

把溅到地面上的水擦干净，把掉落的头发扔进垃圾桶。

☐ **整理好毛巾**

擦完手后，整理好毛巾，便于家人使用。

☐ **厕纸用完要马上换新**

用完了厕纸的人负责换厕纸，不要妨碍下一次使用。

☐ **把坐便器擦拭干净**

坐便器使用过后一定要擦拭干净。不要忘记冲干净马桶。

玄关

玄关是家里的门面。玄关打扫干净了，一进家门就让人感到温馨！

□ 不穿的鞋就收起来

最好把鞋全部收进鞋柜里面，让玄关地面上干干净净。如果感到不便，就家中每人留下 1 双鞋，整齐摆在门口一侧。

□ 拖鞋要收纳好

拖鞋不用的时候就装进筐里收纳好。客人来访时，建议拿出一次性拖鞋让客人换上。

□ 雨伞要竖立放好

把雨伞竖立放在玄关处的收纳桶里。下雨天，不要让伞上的雨水滴落在玄关地面上。

□ 放上扫帚，随时把玄关上的泥土清扫干净

鞋子会把泥土带进玄关，这时，马上用扫帚清理干净。把扫帚放在用起来顺手的地方。

□ 鞋子要摆放整齐

进屋脱鞋后，把鞋摆整齐。

动动手！！

参加家务劳动

你参加过家务劳动，做过家务活儿吗？

目前还没做过……做起来是不是很麻烦呀？

好吧！那就尝试一下，做做看！
也许你觉得家务劳动很麻烦，但是，
家务劳动是家庭生活中不可缺少的一部分。
如果你现在习惯了做家务，那么将来就不用担心不会持家了！
而且，爸爸妈妈看到你做家务会很高兴，一举两得呀。

是啊。看到客厅、餐厅、浴室和洗手间有不干
净的地方时，我完全可以主动去清洁的。
那我就试试看，没有我做不到的事情！

家务劳动心得

1 作为家庭中的一员，
有责任参加家务劳动。

2 必须坚持参加家务劳动，
这非常重要。

下一页将介绍各种
家务劳动。
先从哪一件家务活
儿做起呢？

上学路上顺便
扔垃圾

 星级 ★

扔垃圾前要做的事情很重要。不仅要把家中垃圾桶里的各类垃圾收集起来，还要帮妈妈给垃圾桶换上新的垃圾袋。垃圾实行分类回收，回收点有不同颜色的大垃圾桶，要把垃圾投放进对应的垃圾桶里。

过程是……

1. 收集家里的垃圾

▼

2. 给垃圾桶换上新的垃圾袋

▼

3. 去垃圾回收点扔垃圾

垃圾分类注意事项

垃圾分为可回收物、厨余垃圾（又叫湿垃圾）、有害垃圾和其他垃圾（又叫干垃圾）。扔垃圾前，先把垃圾分类搞清楚。下面就看看如何给垃圾分类。

可回收物、有害垃圾、厨余垃圾、其他垃圾的标志：

可回收物
Recyclable

有害垃圾
Hazardous Waste

厨余垃圾
Food Waste

其他垃圾
Residual Waste

垃圾的主要分类

可回收垃圾	废纸张、废塑料、废玻璃制品、废金属、废织物等。
有害垃圾	废荧光灯管、废药品、废油漆及其容器、部分家电、过期药品及其容器、过期化妆品等。
厨余垃圾	食材废料、剩菜剩饭、过期食品、瓜皮果核、花卉绿植、中药药渣等食品类废物。
其他垃圾	是指除可回收物、有害垃圾、厨余垃圾以外的其他生活废弃物。

收拾餐桌时顺便

清洗餐具

星级 ★★

做做看！

不仅要清洗自己的餐具，也要清洗家人的餐具。餐具上面的油渍只用水较难洗干净，可先用纸巾擦掉油渍，再滴上少许餐具洗涤剂，刷洗后再用水冲洗。为了不让洗涤剂的泡沫残留在餐具上面，一定要冲洗干净。

过程是……

1. 擦去餐具上的油渍

▼

2. 滴上洗涤剂刷洗

▼

3. 用水冲洗干净

做做看！

和爸爸妈妈一起

做饭

星级 ★★★

在做饭这件事上，需要向爸爸妈妈请教。在他们的指导下，洗菜，择菜，切菜，炒菜，你能做的事情越来越多，变得越来越能干了！做饭的工序不一样，有些很简单，有些就很费事。不能只选择自己喜欢的做哦。

还可以帮妈妈淘米、擦桌子。多做点家务活儿，减轻妈妈的负担！

做做看！

收衣服时，顺便
叠好全家人的衣服

星级 ★★

放学回到家里，如果有时间，就可以把妈妈洗净晾干的衣服全部收下来，叠好后放进橱柜里。衣服有自己的，也有家人的，叠起来比较费时间。一边叠一边把衣服分好类，收纳到橱柜和抽屉里。做完后，给自己点个赞吧。

过程是……

1. 把晾干的衣服全部收下来

▼

2. 把衣服叠整齐并分类

▼

3. 把衣服放进橱柜和抽屉里

做做看！

检查卫生，顺便
打扫公用的地方

星级 ★★★

除了自己的房间，你可以试着打扫客厅、浴室、卫生间、玄关等公用的地方。先从打扫一个地方开始。怎样打扫才能更轻松？结合打扫自己房间的做法和经验，好好考虑一下。

每个家庭都有自己的打扫方法，所以一开始就要向妈妈请教哦。

打扫卫生和家务劳动 能力测试表

打扫卫生和家务劳动是我们应该具备的生活能力。如果你会打扫卫生，还会做家务活儿，那么你就是个爱整洁，具备基本生活能力的孩子。对照下表，检测自己打扫卫生和家务劳动的能力。所有项目的得分总和就是你的完美度。

检测自己打扫卫生的能力！

☐ 自己的房间总是很干净……10分

☐ 自己每次用完东西都能放回原处……5分

☐ 洗完澡，把浴室收拾干净再出来……15分

☐ 鞋都摆放整齐……10分

☐ 带去学校用的水壶是自己清洗和准备的……15分

检测自己家务劳动的能力！

☐ 每天都参加家务劳动……5分

☐ 大人让做的家务活儿，从不推托……10分

☐ 即使没让做，也主动去做……15分

☐ 能独立完成……15分

你的
得分是 ☐ 分

得分越高，说明你的生活能力越强！

进阶课程 ↗↗

朋友互访时的

招待和留宿
礼仪

无论是你邀请朋友来自己家，还是你去朋友家，都可以按照下面这些礼仪去做！

休息日的外出装扮可以彰显自己的个性

享受与上学不同风格的装扮

配合场景的装扮是礼仪的基础。不过，去朋友家做客，最重要的是要衣着整洁、得体，落落大方。这样自然会受到朋友及其家人的欢迎。

受邀去朋友家时，要带上礼物。把礼物单独放在一个包装袋里，不要放在自己的包里。

去朋友家做客时，要穿上干净、无异味的鞋袜。

把房间打扫干净

除了自己的房间，卫生间和盥洗室一定要打扫干净，确保无异味

朋友来家做客，一定要让朋友感到舒心。自己的房间不仅要打扫干净，卫生间和盥洗室也要打扫干净，因为这些地方朋友都能用到。

玄关……

- ☐ 把家人的鞋收进鞋柜
- ☐ 把地面的尘土打扫干净
- ☐ 摆好客人的拖鞋

自己的房间……

- ☐ 要打扫干净
- ☐ 留朋友过夜时，提前晾晒被子

其他房间……

- ☐ 卫生间和盥洗室一定要打扫干净
- ☐ 换上一条干净毛巾
- ☐ 如果有些房间不想被朋友看到，就
   关上房间门

准备好食物

问问朋友喜欢吃什么食物，提前准备好

如果你擅长做点心，就做给朋友尝尝！点心装盘时也要花些心思，精心巧妙的设计肯定能让朋友感受到你的用心。

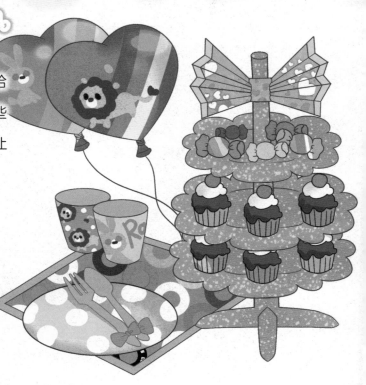

收到礼物时……

如果礼物是食品，就和朋友一起分享！

朋友来访时，如果送给你礼物，你就要说声"谢谢"，并且告诉自己的家人。如果礼物是点心、水果或饮料等，就和朋友一起享用！

招待礼仪 3
笑脸欢送

朋友来家做客，大家都很开心，就容易忘记时间

即便是到了回家时间，有些人因为盛情难却，不好意思说"我要回家了"，而一再询问"现在几点啦？"，这时，你就不要再挽留朋友了，把朋友送出家门，笑盈盈地说声再见，挥手告别。

临走前……

检查一下房间里有没有朋友忘带的东西

朋友走后再检查一下房间，看看有没有朋友忘带的东西。如果有，就赶紧追出去，交还给朋友。如果追不上朋友，就电话联系，商量好送还的时间、地点。

容易忘带这些东西！

- ☐ 外套
- ☐ 帽子
- ☐ 围巾
- ☐ 手套
- ☐ 手表
- ☐ 雨伞

留宿礼仪 1

认真做好留宿准备！

准备要充分

朋友邀请你留宿时，你首先要告诉爸爸妈妈，得到他们的同意后你才能留宿在朋友家。另外，还要把朋友家的住址和电话号码告诉家人。下面是一张要带的物品清单。

准备好留宿物品！

所带物品清单

★ 沐浴用品 ★

- ☐ 毛巾
- ☐ 睡衣
- ☐ 内衣
- ☐ 装换洗衣服的袋子

★ 洗漱用品 ★

- ☐ 毛巾
- ☐ 洗面奶
- ☐ 牙刷、牙膏
- ☐ 梳子

★ 其他物品 ★

- ☐ 钱包
- ☐ 纸巾
- ☐ 折叠伞
- ☐ 备用外衣
- ☐ 小礼物

根据使用场合，打包整理

按照使用顺序，把要带的物品依次放入旅行包。备用外衣放在最下面，当天晚上要用的沐浴用品、洗漱用品放在最上面。这样拿取就非常方便。

洗漱用品

备用外衣

把钱包、纸巾、折叠伞等放在随身包里!

准备什么礼物呢?

要让朋友一家人高兴

去朋友家住宿，带上小礼物是为了向朋友一家人表达谢意。建议选择大家都能品尝的糕点当作礼物。糕点数量要足够哦。

遵守朋友家的规矩!

在朋友家也要注意整洁!

到朋友家过夜,即使双方关系再亲密,也要讲究礼仪礼貌。这很重要。每个家庭都有自己的习惯和规矩,家中物品的使用方法和收纳场所也各有不同,所以,都要了解清楚,并得到朋友的确认。一定要遵守以下 3 点哦。

用过的地方要打扫干净

除了客厅、餐厅、卫生间等地方要注意保持整洁外,晚上睡在朋友房间里,第 2 天一早也要和朋友一起把房间打扫干净,用过的被子要叠好。

不要随便查看房间

不要在朋友家乱转,不要随便查看房间。使用盥洗室和卫生间时,先敲敲门,确认里面没人时再使用。

不要喧闹

在朋友家过夜,要保持安静,不要因为和朋友玩得开心而过于喧闹!特别是晚上,过大的欢笑声和脚步声会引起邻居的不快。

留宿礼仪 3
对朋友的家人有礼貌！

要和朋友的家人聊天

只和朋友聊天，却不和朋友的家人说话，这是不礼貌的。认真地回答对方家人提出的问题，言谈举止要有礼貌。虽然交谈时间不长，但是很重要。

对朋友的家人的礼仪 1

说话要有礼貌！

进屋时说"打扰您了"，吃饭时说"谢谢您的招待""饭菜太好吃了"，睡觉前说"晚安"，等等。

对朋友的家人的礼仪 2

主动帮忙做家务！

帮朋友的家人准备晚饭，收拾餐桌，洗碗，倒垃圾，自己能做的事情就主动去做。不过，因为是朋友家，对方的习惯或许和自己家里不一样，问清楚怎么做再动手吧。

对朋友的家人的礼仪 3

不要忘记说"谢谢"！

在朋友家留宿，得到朋友的家人的关心和照顾，分别时不要忘记说"谢谢"。

谢谢玲玲啦!
真是个懂事的好孩子!

我帮着收拾一下!

不再扭扭捏捏,
而是大大方方,
做事不拖拉。

玲玲最近变化
很大啊……

也不再丢三落四。

嗯……真的呢!

176

这里面有生活管家阿春的功劳啊！

第2天

玲玲小姐，我来接你回家！

这次……又会发生什么呢？哈哈……

图书在版编目（CIP）数据

不凌乱！小学生的整理收纳锦囊 /（日）宇高有香编
著；王影霞译 . — 青岛：青岛出版社，2024.6
　ISBN 978-7-5736-2342-3

Ⅰ. ①不… Ⅱ. ①宇… ②王… Ⅲ. ①家庭生活—少
儿读物 Ⅳ. ① TS976.3-49

中国国家版本馆 CIP 数据核字 (2024) 第 105437 号

MECHAKAWAMAX!! SHOUGAKUSEI NO SUTEKIRULE SEIRISEITON
INTERIOR BOOK supervised by Udaka Yuka
Copyright © 2019 SHINSEI Publishing Co., Ltd.
All rights reserved.
Original Japanese edition published by SHINSEI Publishing Co., Ltd.

Simplified Chinese translation copyright © 2024 by Qingdao Publishing House
Co., Ltd. This Simplified Chinese edition published by arrangement with
SHINSEI Publishing Co., Ltd., Tokyo, through HonnoKizuna, Inc., Tokyo, and
Shinwon Agency Co. Beijing Representative Office, Beijing

山东省版权局著作权合同登记号 图字：15-2023-77 号

BU LINGLUAN! XIAOXUESHENG DE ZHENGLI SHOUNA JINNANG

书　　　名	不凌乱！小学生的整理收纳锦囊	
编　　　著	［日］宇高有香	
译　　　者	王影霞	
出版发行	青岛出版社（青岛市崂山区海尔路 182 号，266061）	
本社网址	http://www.qdpub.com	
邮购电话	0532- 68068091	
策　　划	傅　刚　E-mail：qdpubjk@163.com	
责任编辑	傅　刚　张学彬	
装帧设计	祝玉华　山　与	
照　　排	光合时代	
印　　刷	青岛双星华信印刷有限公司	
出版日期	2024 年 6 月第 1 版　2024 年 6 月第 1 次印刷	
开　　本	16 开（710mm×1000mm）	
印　　张	12	
字　　数	160 千	
书　　号	ISBN 978-7-5736-2342-3	
定　　价	56.00 元	

编校印装质量、盗版监督服务电话：4006532017　0532-68068050

建议上架类别：少儿励志·亲子教育

参考文献：
《生活规划教科书》（主妇之友社）

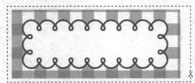

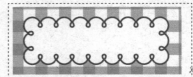

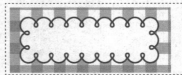